#개념원리
#개념완전정복

개념
해결의 법칙

Chunjae
Makes
Chunjae

▼

[개념 해결의 법칙] 초등 수학 4-1

기획총괄	김안나
편집개발	이근우, 서진호, 한인숙
디자인총괄	김희정
표지디자인	윤순미, 여화경
내지디자인	박희춘, 이혜미
제작	황성진, 조규영

발행일	2024년 9월 1일 개정초판 2024년 9월 1일 1쇄
발행인	(주)천재교육
주소	서울시 금천구 가산로9길 54
신고번호	제2001-000018호
고객센터	1577-0902

모든 개념을 다 보는 해결의 법칙

수학

4·1

스케줄표

4.1

스케줄표 활용법

1 먼저 스케줄표에 공부할 날짜를 적습니다.
2 날짜에 따라 스케줄표에 제시한 부분을 공부합니다.
3 채점을 한 후 확인란에 부모님이나 선생님께 확인을 받습니다.

예 >

1일차 월 일
1. 큰 수
8쪽 ~ 13쪽

모든 개념을 다 보는 해결의 법칙

22개정 교육과정 반영

수학

4·1

개념 해결의 법칙만의 ♪

「학습」관리

개념 체크하기 와 개념 체크 문제 를 풀면서

개념을 내 것으로 만들자!

개념 파헤치기

교과서 개념원리를 꼼꼼하게 익히고,
기본 문제를 풀면서 개념을 제대로
이해했는지 확인할 수 있어요.

◀ 개념 동영상 강의 제공

써 보면서 개념을 체크하고
정리할 수 있어요.

개념 확인하기

다양한 교과서, 익힘책 문제를 풀면서
앞에서 배운 개념을 완전히 내 것으로
만들어 보세요.

꼭 알아야 할 개념, 주의해야 할 내용 등을
통해 문제 해결 방법을 찾을 수 있어요.

- ▣◀ 개념 동영상 을 보면서 개념을 익히고

🐱 개념 체크하기 에서 개념을 따라 써 보면서 개념을 완벽하게!

- 단원 마무리 평가에서 유사 문제 를 풀어 보면서 완벽하게 학습 마무리!

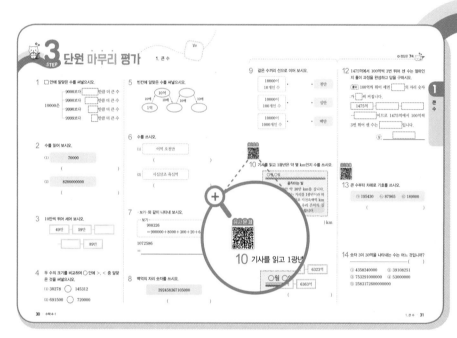

3 STEP

단원 마무리 평가

단원 마무리 평가를 풀면서 앞에서
공부한 내용을 정리해 보세요.

유사 문제 제공

▶ 게임 학습

마무리 개념완성

문제를 풀면서 단원에서 배운 개념을 완성
하여 내 것으로 만들어 보세요.

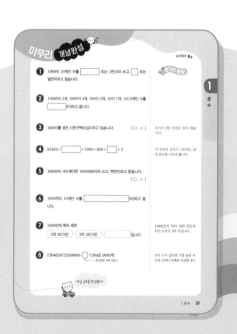

 개념 해결의 법칙

「QR 활용법」

📹 개념 동영상 강의 제공

개념에 대해 선생님의 더 자세한 설명을 듣고 싶을 때 찍어 보세요.
교재 내 QR 코드를 통해 개념 동영상 강의를 무료로 제공하고 있어요.

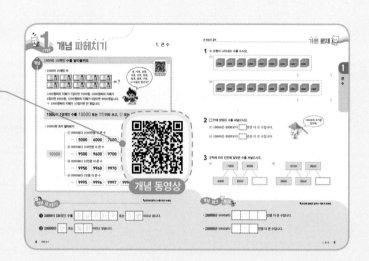

👫 유사 문제 제공

3단계에서 비슷한 유형의 문제를 더 풀어 보고 싶다면 QR 코드를 찍어 보세요. 추가로 제공되는 유사 문제를 풀면서 앞에서 공부한 내용을 정리할 수 있어요.

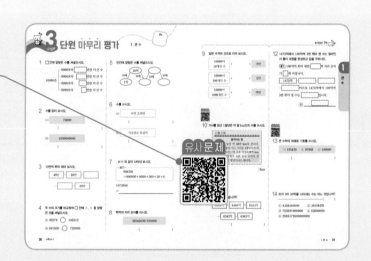

▶️ 게임 학습

3단계의 끝 부분에 있는 QR 코드를 찍어 보세요.
게임을 하면서 개념을 정리할 수 있어요.

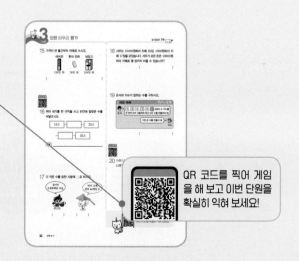

QR 코드를 찍어 게임을 해 보고 이번 단원을 확실히 익혀 보세요!

개념 해결의 법칙

「차례」

4-1

1 큰 수

제**1**화 암행어사 출또야가 간다!

전하! 가뭄으로 흉년이라 올해 쌀 수확량이 대폭 감소했나이다.

올해 얼마나 수확했느냐?

전국적으로 45378가마니 수확되었다고 합니다.

45378은 10000이 4개, 1000이 5개, 100이 3개, 10이 7개, 1이 8개인 수이지.

45378

자리	만	천	백	십	일
숫자	4	5	3	7	8
값	40000	5000	300	70	8

네, 작년보다 적은 양입니다. 작년 쌀 수확량은 62495가마니였고 10000이 6개, 1000이 2개, 100이 4개, 10이 9개, 1이 5개인 수입니다.

62495

자리	만	천	백	십	일
숫자	6	2	4	9	5
값	60000	2000	400	90	5

세자 채뽕~!! 세자 채뽕~!!

더 큰 일은 탐관오리들이 백성들에게 과도한 세금을 뜯어 더욱 힘들게 하고 있다는 것입니다.

음...... 큰일이군.

탐관오리요? 꽥꽥 오리인가요?

재물을 탐하고 행실이 깨끗하지 못한 관리를 말하는 거란다. 으휴, 하나뿐인 세자가 저쪽에 가까우니 큰일이야.

바보 > 정상

암행어사 '출또야'를 데려오너라. 어서!

세자 채뽕~!!

출또야 대령했습니다.

어서 오너라.

이전에 배운 내용	이번에 **배울 내용**	앞으로 배울 내용
[2-2 네 자리 수] • 천, 몇천 • 네 자리 수 • 뛰어 세기 • 수의 크기 비교하기	• 만, 다섯 자리 수 • 십만, 백만, 천만, 억, 조 • 뛰어 세기 • 수의 크기 비교하기	**[5-1 약수와 배수]** • 약수, 배수 • 약수와 배수의 관계 • 공약수와 최대공약수 • 공배수와 최소공배수

제가 전국 각지를 돌며 탐관오리들을 징벌하겠습니다. 전하~!!

에휴…… 출또야가 세자였으면……

자~! 이 마패를 받아랏!!

아부지가 던지신 건 분명 먹을 것이 틀림없어. 맛있는 건 나를 줘야지요. 아웅~

아악! 먹는게 아니잖아.

아부지는 쓸모없는 걸 왜 쟤한테 주는 거야?

세자 저하. 마패는 1조 냥보다도 더 귀하고 소중한 것이랍니다.

허허! 그렇지. 1000억이 10개인 수가 1조인데 암행어사를 상징하는 마패가 1조 냥보다 더 귀할 수밖에. 역시 소문대로 지혜로운지고~

과찬이십니다!!

앗! 자객이 화살을!

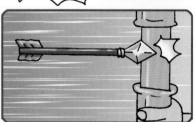

누…… 누구?

저의 이름은 '산도'! 앞으로 '출또야'님을 지킬 호위무사입니다!

탐관오리들아, 기다려라!

암행어사 출또야가 간다!!

개념 파헤치기

 개념 1 1000이 10개인 수를 알아볼까요

• 1000이 10개인 수

개념 동영상

= ?

천, 이천, 삼천, 사천, 오천, 육천, 칠천, 팔천, 구천. 그 다음은 얼마지?

1000원짜리 지폐가 7장이면 7000원, 1000원짜리 지폐가 8장이면 8000원, 1000원짜리 지폐가 9장이면 9000원입니다.
→ 1000원짜리 지폐가 10장이면 만 원입니다.

1000이 10개인 수를 10000 또는 1만이라 쓰고, 만 또는 일만이라고 읽습니다.

• 10000의 크기 알아보기

① 9000보다 1000만큼 더 큰 수
··· 5000 — 6000 — 7000 — 8000 — 9000 — 10000

② 9900보다 100만큼 더 큰 수
··· 9500 — 9600 — 9700 — 9800 — 9900 — 10000

10000

③ 9990보다 10만큼 더 큰 수
··· 9950 — 9960 — 9970 — 9980 — 9990 — 10000

④ 9999보다 1만큼 더 큰 수
··· 9995 — 9996 — 9997 — 9998 — 9999 — 10000

 개념 체크하기

✎ 빈칸에 글자나 수를 따라 쓰세요.

❶ 1000이 10개인 수를 1 0 0 0 0 또는 1 만 이라고 씁니다.

❷ 10000은 만 또는 일 만 이라고 읽습니다.

기본 문제

1 수 모형이 나타내는 수를 쓰시오.

(1)

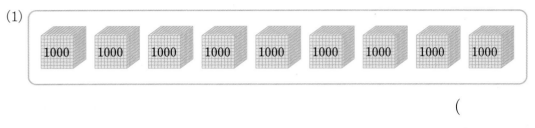

(   )

(2)

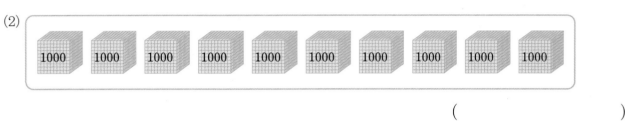

(   )

2 ☐ 안에 알맞은 수를 써넣으시오.

10000의 크기를 알아봐.

(1) 10000은 9990보다 ☐ 만큼 더 큰 수입니다.

(2) 10000은 9999보다 ☐ 만큼 더 큰 수입니다.

3 규칙에 따라 빈칸에 알맞은 수를 써넣으시오.

(1)

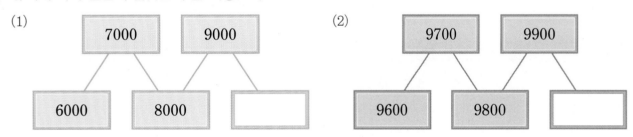

(2)

개념 체크 문제

✏️ 빈칸에 알맞은 글자나 수를 써 보세요.

· 10000은 9000보다 ☐☐☐☐ 만큼 더 큰 수입니다.

· 10000은 9900보다 ☐☐☐ 만큼 더 큰 수입니다.

개념 파헤치기

 개념 2

다섯 자리 수를 알아볼까요

 개념 동영상

• 10000이 4개, 1000이 2개, 100이 7개, 10이 3개, 1이 5개인 수 알아보기

> **10000이 4개, 1000이 2개, 100이 7개, 10이 3개, 1이 5개인 수를 42735라 쓰고, 사만 이천칠백삼십오라고 읽습니다.**

주의 **수를 읽을 때 주의할 점**

① 숫자가 0인 자리는 읽지 않습니다.
   예 20689 ➡ 이만 육백팔십구
   천의 자리 숫자가 0이므로 천의 자리를 읽지 않습니다.

② 숫자가 1인 자리는 자릿값만 읽습니다.
   예 64153 ➡ 육만 사천백오십삼
   백의 자리 숫자가 1이므로 백의 자리는 자릿값만 읽습니다.

• 42735의 각 자리의 숫자와 나타내는 값 알아보기

만의 자리	천의 자리	백의 자리	십의 자리	일의 자리
4	2	7	3	5
4	0	0	0	0
	2	0	0	0
		7	0	0
			3	0
				5

쓰기 **42735**

읽기 **사만 이천칠백삼십오**

만의 자리 숫자 **4**는 **40000**을
천의 자리 숫자 **2**는 **2000**을
백의 자리 숫자 **7**은 **700**을 ⎫ 나타냅니다.
십의 자리 숫자 **3**은 **30**을
일의 자리 숫자 **5**는 **5**를

> **42735＝40000＋2000＋700＋30＋5**

개념 체크하기

❶ 10000이 5개, 1000이 3개, 100이 2개, 10이 7개, 1이 6개인 수를

5	3	2	7	6

이라고 씁니다.

❷ 53276은 | 오 | 만 | 삼 | 천 | 이 | 백 | 칠 | 십 | 육 | 이라고 읽습니다.

기본 문제

1 □ 안에 알맞은 수를 써넣으시오.

(1) 10000이 4개 ─┐
1000이 6개 ─┤
100이 8개 ─┤ 인 수는 □
10이 2개 ─┤
1이 5개 ─┘

(2)
┌ 10000이 □ 개
├ 1000이 3 개
53047은 ─┤ 100이 □ 개
├ 10이 4 개
└ 1이 □ 개

2 수를 읽어 보시오.

(1) 62853

( )

(2) 90417

( )

3 수를 쓰시오.

(1) 칠만 팔천구백오십이

( )

(2) 오만 삼천이백

( )

4 35864를 각 자리의 숫자가 나타내는 값의 합으로 나타내 보시오.

35864 = □ +5000+800+60+□

 개념 체크 문제

• 26485는 □□ □□□□□□□ 라고 읽습니다.

• 26485의 만의 자리 숫자는 □ 이고 □□□□□ 을 나타냅니다.

개념 3 십만, 백만, 천만을 알아볼까요

개념 동영상

- 10000이 10개, 100개, 1000개인 수 알아보기

		쓰기	읽기	
10000이	1개인 수 ➡	10000 또는 　　 1만	만 또는 일만	⎫ 10배
	10개인 수 ➡	100000 또는 　 10만	십만	⎬ 10배
	100개인 수 ➡	1000000 또는 　100만	백만	⎬ 10배
	1000개인 수 ➡	10000000 또는 1000만	천만	⎭

> **10000**이 **1234**개인 수를 **12340000** 또는 **1234**만이라 쓰고,
> 천이백삼십사만이라고 읽습니다.

- 7238|0000의 각 자리의 숫자와 나타내는 값 알아보기

각 자리의 숫자 ➡

7	2	3	8	0	0	0	0
천	백	십	일	천	백	십	일
			만				

7238만을 각 자리의 숫자가 나타내는 값의 합으로 나타내 봐.

나타내는 값 ➡

7	0	0	0	0	0	0	0
	2	0	0	0	0	0	0
		3	0	0	0	0	0
			8	0	0	0	0

$$7238|0000 = 7000|0000 + 200|0000 + 30|0000 + 8|0000$$

개념 체크하기

❶ 10000이 10개인 수를

1	0	0	0	0	0	0

또는

1	0	만

이라고 씁니다.

❷ 10000이 100개인 수를

1	0	0	0	0	0	0	0

또는

1	0	0	만

이라고 씁니다.

1 □ 안에 알맞은 수나 말을 써넣으시오.

(1)

10000이 45개인 수

쓰기 [   ] 또는 45만

읽기 [   ]

(2)

10000이 1000개인 수

쓰기 [   ] 또는 1000만

읽기 [   ]

2 수를 쓰시오.

(1)

팔십육만

(   )

(2)

이천구만

(   )

3 수를 보고 각 자리의 숫자가 나타내는 값의 합으로 나타내 보시오.

(1)

6835|0000

6	8	3	5	0	0	0	0
천	백	십	일	천	백	십	일
			만				

$68350000 = 60000000 + \boxed{} + 300000 + \boxed{}$

(2)

3647|0000

3	6	4	7	0	0	0	0
천	백	십	일	천	백	십	일
			만				

$36470000 = \boxed{} + 6000000 + \boxed{} + 70000$

개념 체크 문제

10000이 50개인 수를 [| | | | | |] 또는 [| |] 이라 쓰고,

[| |] 이라고 읽습니다.

개념1 1000이 10개인 수를 알아볼까요

1000이 10개인 수

→ ┌ **쓰기** [   ] 또는 1만
  └ **읽기** 만 또는 일만

교과서 유형

1 그림을 보고 □ 안에 알맞은 수를 써넣으시오.

10000은 9000보다 [   ] 만큼 더 큰 수
입니다.

2 100000이 되도록 색칠해 보시오.

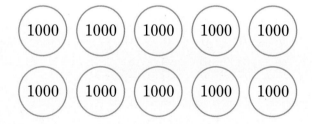

3 규칙에 따라 빈칸에 알맞은 수를 써넣으시오.

```
9995    [    ]    9999
      9996    9998    [    ]
```

개념2 다섯 자리 수를 알아볼까요

10000이 6개, 1000이 8개, 100이 4개, 10이 3개, 1이 7개인 수

자리	만	천	백	십	일
숫자	[ ]	8	4	3	7
나타내는 값	[ ]	8000	400	30	7
읽기	육만	팔천	사백	삼십	칠

4 □ 안에 알맞은 수를 써넣으시오.

10000이 3개, 1000이 5개, 100이 7개, 10이 9개, 1이 2개인 수를 [   ] (이)라고 씁니다.

5 10000원짜리 지폐가 5장 있습니다. 모두 얼마인지 수를 쓰고 읽어 보시오.

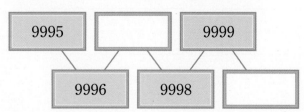

쓰기 (   ) 원

읽기 (   ) 원

교과서 유형

6 수를 읽어 보시오.

76530

(   )

7 •보기•와 같이 나타내 보시오.

> ┌ 보기 ┐
> 71532 = 70000 + 1000 + 500 + 30 + 2

48293 =

익힘책 유형

8 만의 자리 숫자가 2인 수는 어느 것입니까?
·· ( )

① 17258 ② 36291 ③ 25187
④ 42695 ⑤ 63725

개념3 십만, 백만, 천만을 알아볼까요

10배 → 10배 →

십만	백만	□
100000 (10만)	1000000 (100만)	10000000 (1000만)
└─10000이 10개	└─10000이 100개	└─10000이 1000개

9 □ 안에 알맞은 수나 말을 써넣으시오.

10000이 2356개인 수를

[ ] 또는 2356만이라 쓰고,

[ ] (이)라고 읽습니다.

10 수를 쓰시오.

> 육백만 이천

( )

익힘책 유형

11 81270000의 각 자리의 숫자와 나타내는 값을 알아보시오.

	천만의 자리	십만의 자리
숫자	8	
나타내는 값		

12 세계 여러 도시의 인구를 나타낸 지도입니다. 파리의 인구는 몇 명인지 읽어 보시오.

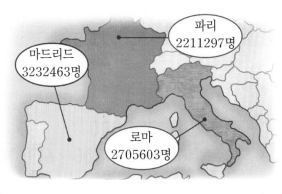

마드리드 3232463명
파리 2211297명
로마 2705603명

( ) 명

해결의법칙 수를 읽을 때에는
일의 자리부터 왼쪽으로 네 자리씩 끊은 다음
높은 자리부터 숫자와 자릿값을 함께 읽어야 합니다.
(단, 숫자가 0인 자리는 읽지 않고, 일의 자리는 숫자만 읽습니다.)

숫자가 0인 백만의 자리는 읽지 않습니다.
예 50723648 ➡ 50723648 '팔일'이라고 읽지 않습니다.
만 일
➡ 오천칠십이만 삼천육백사십팔

개념 파헤치기

억을 알아볼까요

개념 동영상

• 억 알아보기

> **1000만이 10개인 수를 100000000 또는 1억이라 쓰고,**
> **억 또는 일억이라고 읽습니다.**

		쓰기	읽기	
	1개인 수 ➡	100000000 또는 1억	억 또는 일억	
1억이	10개인 수 ➡	1000000000 또는 10억	십억	10배
	100개인 수 ➡	10000000000 또는 100억	백억	10배
	1000개인 수 ➡	100000000000 또는 1000억	천억	10배

> **1억이 3627개인 수를 362700000000 또는 3627억이라 쓰고,**
> **삼천육백이십칠억이라고 읽습니다.**

• 3627|0000|0000의 각 자리의 숫자와 나타내는 값 알아보기

각 자리의 숫자 ➡

3	6	2	7	0	0	0	0	0	0	0	0
천	백	십	일	천	백	십	일	천	백	십	일
		억				만					

나타내는 값 ➡

3	0	0	0	0	0	0	0	0	0	0	0
	6	0	0	0	0	0	0	0	0	0	0
		2	0	0	0	0	0	0	0	0	0
			7	0	0	0	0	0	0	0	0

3627|0000|0000
=300|0000|0000+60|0000|0000+2|0000|0000+7|000|0000

개념 체크하기

✏ 빈칸에 글자나 수를 따라 쓰세요.

1000만이 10개인 수를

| 1 | 0 | 0 | 0 | 0 | 0 | 0 | 0 | 0 |

또는 | 1 | 억 | 이라고 씁니다.

기본 문제

1 □ 안에 알맞은 수를 써넣으시오.

1억은 9000만보다 [   ]만큼 더 큰 수입니다.

2 수를 읽어 보시오.

(1)

8|0000|0000

(   )

(2)

39|0000|0000

(   )

3 수를 쓰시오.

(1)

이백육억

(   )

(2)

사십억 팔천만

(   )

4 □ 안에 알맞은 말이나 수를 써넣으시오.

(1)

1408|2973|0560

8은 [   ]의 자리 숫자이고

[   ]을/를 나타냅니다.

(2)

720|0000|0000

7은 [   ]의 자리 숫자이고

[   ]을/를 나타냅니다.

개념 체크 문제

✏ 빈칸에 알맞은 글자나 수를 써 보세요.

1억이 2493개인 수를

또는 | | | | | |이라고 씁니다.

1 STEP 개념 파헤치기

개념 동영상

개념 5 조를 알아볼까요

• 조 알아보기

> **1000**억이 **10**개인 수를 **1000000000000** 또는 **1**조라 쓰고,
> 조 또는 일조라고 읽습니다.

		쓰기		읽기
	1개인 수 →	1000000000000 또는	1조	조 또는 일조
1조가	10개인 수 →	10000000000000 또는	10조	십조
	100개인 수 →	100000000000000 또는	100조	백조
	1000개인 수 →	1000000000000000 또는	1000조	천조

10배 / 10배 / 10배

> **1**조가 **4356**개인 수를 **4356000000000000** 또는 **4356**조라 쓰고,
> 사천삼백오십육조라고 읽습니다.

• 4356 0000 0000 0000의 각 자리의 숫자와 나타내는 값 알아보기

각 자리의 숫자 →

4	3	5	6	0	0	0	0	0	0	0	0	0	0	0	0
천	백	십	일	천	백	십	일	천	백	십	일	천	백	십	일
			조				억				만				

나타내는 값 →

4	0	0	0	0	0	0	0	0	0	0	0	0	0	0	0
	3	0	0	0	0	0	0	0	0	0	0	0	0	0	0
		5	0	0	0	0	0	0	0	0	0	0	0	0	0
			6	0	0	0	0	0	0	0	0	0	0	0	0

개념 체크하기

1000억이 10개인 수를

1	0	0	0	0	0	0	0	0	0	0	0	0

또는 | 1 | 조 | 라고 씁니다.

1 수를 읽어 보시오.

(1)

40|0000|0000|0000

( )

(2)

706|2000|0000|0000

( )

2 수를 쓰시오.

(1)

이조 오천사백억

( )

(2)

오천삼십조 팔백만

( )

3 백조의 자리 숫자를 쓰시오.

3408|1902|5670|0000

( )

4 수를 쓰시오.

(1)

조가 72개, 억이 306개인 수

( )

(2)

조가 806개, 만이 7153개인 수

( )

개념 체크 문제

1조가 5371개인 수를

또는

라고 씁니다.

2 STEP 개념 확인하기

1. 큰 수

개념4 억을 알아볼까요

	1000만이 10개	1억이 52개
쓰기	1|0000|0000 또는 1억	52|0000|0000 또는 [ ]
읽기	억 또는 일억	[ ]

1 1000만 원짜리 모형 돈이 10장 있습니다. 모형 돈은 모두 얼마인지 쓰시오.

| 1000만 원 | 1000만 원 | 1000만 원 | 1000만 원 | 1000만 원 |
| 1000만 원 | 1000만 원 | 1000만 원 | 1000만 원 | 1000만 원 |

(   ) 원

2 맞으면 ○표, 틀리면 ×표 하시오.

> 1억은 9999만보다 1만큼 더 큰 수입니다.

(   )

3 설명하는 수를 쓰시오.

> 1억이 73개인 수

(   )

4 십억의 자리 숫자를 쓰시오.

> 527316890000

(   )

교과서 유형

5 숫자 6이 나타내는 값을 쓰시오.

> 156478329000

(   )

6 한솔이의 아버지께서 복권의 당첨 결과를 알아본 것입니다. 1등의 총 당첨 금액을 읽어 보시오.

순위	순위별 총 당첨 금액	당첨자 수
1등	17352000000원	5명
2등	2896500000원	35명
...	...	...

(   ) 원

익힘책 유형

7 268570000000을 각 자리의 숫자가 나타내는 값의 합으로 나타내 보시오.

268570000000

=200000000000+ [   ]

+8000000000+ [   ]

+70000000

20 · 수학 4-1

개념5 조를 알아볼까요

1000억이 10개	1조가 350개
쓰기 1000|0000|0000 또는 1조	350|0000|0000|0000 또는
읽기 조 또는 일조	

8 1000억 원짜리 모형 돈이 10장 있습니다. 모형 돈은 모두 얼마인지 쓰시오.

| 1000억 원 | 1000억 원 | 1000억 원 | 1000억 원 | 1000억 원 |
| 1000억 원 | 1000억 원 | 1000억 원 | 1000억 원 | 1000억 원 |

(　　　　　　　) 원

교과서 유형

9 □ 안에 알맞은 수나 말을 써넣으시오.

1조가 2743개인 수를

또는 2743조라 쓰고,

(이)라고 읽습니다.

10 수를 쓰시오.

육십조 사백만

(　　　　　　　)

11 백조의 자리 숫자가 7인 수를 찾아 기호를 쓰시오.

㉠ 973254600000000
㉡ 8765243900000000
㉢ 7213468500000000

(　　　　　　　)

익힘책 유형

12 •보기•와 같이 나타내 보시오.

보기
293054800000000
➡ 293조 548억
➡ 이백구십삼조 오백사십팔억

9502047600003000

➡ _____
➡ _____

13 숫자 3이 30000000000000를 나타내는 것을 찾아 기호를 쓰시오.

3 1 3 3 7 3 5 3 0 0 0 0 0 0 0 0
㉠　㉡㉢　㉣　㉤

(　　　　　　　)

해결의 법칙 수를 쓸 때 높은 자리부터 숫자를 차례로 씁니다. 이때 읽지 않은 자리에는 0을 써야 합니다.
예) 오조 칠천삼백육십일억 ➡ 5조 7361억
➡ 573610000000000 읽지 않은 억 아래 자리에는 0을 씁니다.
조 억 만 일

개념 6

뛰어 세기를 해 볼까요

개념 동영상

- 규칙에 따라 뛰어 세기
  ① 10000씩 뛰어 세기

15300	25300	35300	45300	55300	65300	75300

  → **10000**씩 뛰어 세면 만의 자리 숫자가 **1**씩 커집니다.

  ② 10억씩 뛰어 세기

1243억	1253억	1263억	1273억	1283억	1293억	1303억

  → **10억**씩 뛰어 세면 십억의 자리 숫자가 **1**씩 커집니다.

- 얼마씩 뛰어 세었는지 알아보기

34321	44321	54321	64321	74321	84321	94321

  → 만의 자리 숫자가 **1**씩 커지므로 **10000**씩 뛰어 세었습니다.

1220억	1230억	1240억	1250억	1260억	1270억	1280억

  → 십억의 자리 숫자가 **1**씩 커지므로 **10억**씩 뛰어 세었습니다.

5023조	5223조	5423조	5623조	5823조	6023조	6223조

  → 백조의 자리 숫자가 **2**씩 커지므로 **200**조씩 뛰어 세었습니다.

개념 체크하기

✎ 빈칸에 글자나 수를 따라 쓰세요.

❶ 10만씩 뛰어 세면 십만의 자리 숫자가 $\boxed{1}$ 씩 커집니다.

❷ 100억씩 뛰어 세면 $\boxed{백\ 억}$ 의 자리 숫자가 1씩 커집니다.

기본 문제

1

[1~3] 주어진 수만큼씩 뛰어 세어 보시오.

1

| 23만 | 24만 | 25만 | | |

2

| 4023억 | 5023억 | | 7023억 | |

3

| 1567조 | | | 1867조 | 1967조 |

[4~5] 얼마씩 뛰어 세기를 하였는지 쓰시오.

4

| 508200 | 608200 | 708200 | 808200 | 908200 |

(   )

5

| 68조 | 69조 | 70조 | 71조 | 72조 |

(   )

개념 체크 문제 ☆

✎ 빈칸에 알맞은 글자나 수를 써 보세요.

| 2331만 | 2431만 | 2531만 | 2631만 | 2731만 | 2831만 | 2931만 |

➡ 백만의 자리 숫자가 ☐ 씩 커지므로 ☐☐☐☐ 씩 뛰어 세었습니다.

1 STEP 개념 파헤치기

 개념 7 수의 크기를 비교해 볼까요 (1)

개념 동영상

> 첫째, 자리 수가 같은지 다른지 비교해 봅니다.
> 둘째, 자리 수가 다르면 자리 수가 더 많은 쪽이 더 큽니다.

• 53672와 146723의 크기 비교하기

	십만	만	천	백	십	일	
53672 →		5	3	6	7	2	→ 5자리 수
146723 →	1	4	6	7	2	3	→ 6자리 수

53672 < 146723
(5자리 수)   (6자리 수)
└── 5<6 ──┘

• 2억 4500만과 8900만의 크기 비교하기

	억	천만	백만	십만	만	천	백	십	일	
2억 4500만 →	2	4	5	0	0	0	0	0	0	→ 9자리 수
8900만 →		8	9	0	0	0	0	0	0	→ 8자리 수

2억 4500만 > 8900만
(9자리 수)   (8자리 수)
└── 9>8 ──┘

잘 봐. 내가 너보다 더 크지?

으이구! 덩치만 크다고 큰 거니? 자리 수를 비교하면 넌 6자리 수이고 난 7자리 수이니깐 내가 더 큰 거야.

867890 < 3593948

 개념 체크하기

❶ 수의 크기를 비교할 때 **자리 수가 다르면** 자리 수가 더 [많] [은] 쪽이 더 큽니다.

❷ 수의 크기를 비교할 때 **자리 수가 다르면** 자리 수가 더 [적] [은] 쪽이 더 작습니다.

기본 문제

1 두 수의 크기를 비교하려고 합니다. ◯ 안에 >, < 중 알맞은 것을 써넣으시오.

(1)

십만	만	천	백	십	일
	3	8	6	4	0
2	0	5	6	3	8

3⁞8640 ◯ 20⁞5638

(2)

백만	십만	만	천	백	십	일
1	2	3	0	5	8	4
	3	2	7	8	9	5

123⁞0584 ◯ 32⁞7895

2 두 수의 크기를 비교하려고 합니다. ☐ 안에 알맞은 수를 써넣고, ◯ 안에 >, < 중 알맞은 것을 써넣으시오.

(1) 437⁞2589 ◯ 4215⁞0000
  (☐ 자리 수) (☐ 자리 수)

(2) 6조 ◯ 9억
  (☐ 자리 수) (☐ 자리 수)

3 더 큰 수에 ◯표 하시오.

(1)

4⁞1236	25⁞0000
( )	( )

(2)

9300억	2조 1000억
( )	( )

개념 체크 문제

• 1547000과 291000의 크기 비교하기

1547000은 ☐ 자리 수이고 291000은 ☐ 자리 수입니다.

➡ 1547000은 291000보다 ☐ 니다.

수의 크기를
비교할 때는 먼저
자리 수를 비교해.

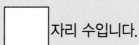

개념 파헤치기

 개념 8

수의 크기를 비교해 볼까요 (2)

개념 동영상

- 자리 수가 같은 수의 크기를 비교하는 방법

> 첫째, 가장 높은 자리의 수를 비교해 봅니다.
> 둘째, 가장 높은 자리의 수가 같으면 그다음 높은 자리의 수를 차례로
> 비교하여 수가 더 큰 쪽이 더 큽니다.

- 3억 420만과 2억 520만의 크기 비교하기

	억	천만	백만	십만	만	천	백	십	일	
3억 420만 →	③	0	4	2	0	0	0	0	0	→ 9자리 수
2억 520만 →	②	0	5	2	0	0	0	0	0	→ 9자리 수

3억 420만 ⟩ 2억 520만
3>2

- 286053과 285063의 크기 비교하기

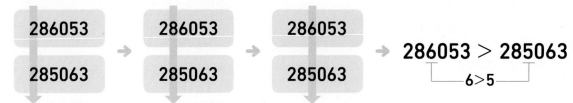

| 286053 | → | 286053 | → | 286053 | → | **286053 > 285063** |
| 285063 | | 285063 | | 285063 | | 6>5 |

십만의 자리 수가 같습니다.　　만의 자리 수도 같습니다.　　천의 자리 수는 6>5입니다.

참고 수직선을 이용하여 5조 2000억과 5조 8000억의 크기 비교하기

수직선에 나타냈을 때 오른쪽에 있는 수가 더 큽니다.

```
├────┼──●──┼────┼────┼──●──┼────┤
5조   5조 2000억   5조 5000억   5조 8000억   6조
```

→ 5조 8000억이 5조 2000억보다 오른쪽에 있으므로 5조 8000억이 더 큰 수입니다.

개념 체크하기

수의 크기를 비교할 때 **자리 수가 같으면** 가장 [높][은] 자리의 수부터 차례로 비교하여

수가 더 큰 쪽이 더 [큽]니다.

1 두 수의 크기를 비교하려고 합니다. ◯ 안에 >, < 중 알맞은 것을 써넣으시오.

(1)
천만	백만	십만	만	천	백	십	일
③	6	4	1	0	0	0	0
④	1	3	8	0	0	0	0

3641 0000 ◯ 4138 0000

(2)
억	천만	백만	십만	만	천	백	십	일
8	⑦	3	5	2	0	0	0	0
8	⑥	9	7	5	0	0	0	0

8 7352 0000 ◯ 8 6975 0000

2 두 수의 크기를 비교하려고 합니다. ◯ 안에 >, < 중 알맞은 것을 써넣으시오.

(1) 3517 9800 ◯ 3495 8312

5 ◯ 4

(2) 8057 1200 ◯ 8058 0000

7 ◯ 8

3 더 큰 수에 ◯표 하시오.

(1)
486 5230	395 6740
( )	( )

(2)
52억 2만	52억
( )	( )

4 더 작은 수에 △표 하시오.

(1)
90 0000	89 0000
( )	( )

(2)
2조 3600억	2조 1800억
( )	( )

STEP 2 개념 확인하기

개념6 뛰어 세기를 해 볼까요

- 10000씩 뛰어 세면 만의 자리 숫자가 1씩 커집니다.

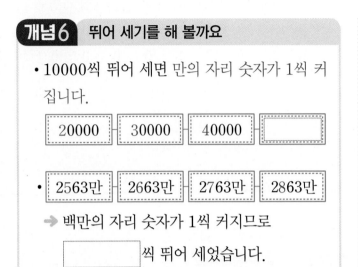

| 20000 | 30000 | 40000 | |

- 2563만 | 2663만 | 2763만 | 2863만

➜ 백만의 자리 숫자가 1씩 커지므로

[   ]씩 뛰어 세었습니다.

1 100억씩 뛰어 세어 보시오.

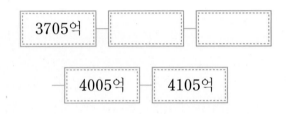

| 3705억 | | |

| | 4005억 | 4105억 |

교과서 유형

2 얼마씩 뛰어 세었습니까?

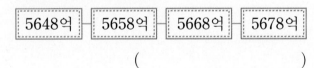

| 5648억 | 5658억 | 5668억 | 5678억 |

( )

3 10만씩 뛰어 세었습니다. ㉠에 알맞은 수를 구하시오.

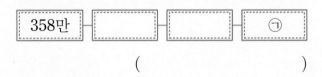

| 358만 | | | ㉠ |

( )

4 뛰어 세기를 했습니다. 규칙에 따라 빈칸에 알맞게 써넣으시오.

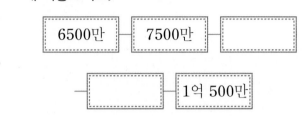

| 6500만 | 7500만 | |

| | 1억 500만 |

5 뛰어 세기를 한 규칙이 나머지와 다른 하나를 찾아 기호를 쓰시오.

㉠ 316500 – 326500 – 336500 – 346500
㉡ 1263만 – 1273만 – 1283만 – 1293만
㉢ 1억 5만 – 1억 6만 – 1억 7만 – 1억 8만

( )

익힘책 유형

6 보람이네 자동차가 2024년까지 달린 거리는 30000 km입니다. 1년에 20000 km씩 달리면 2027년까지 달린 거리는 몇 km입니까?

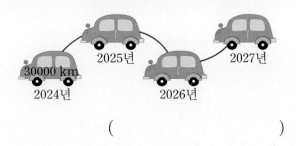

( )

개념 7, 8 수의 크기를 비교해 볼까요

- 수의 크기를 비교하는 방법

  ① 자리 수를 비교합니다.

  ② 자리 수가 다르면 자리 수가 더 [ ] 쪽이 더 큽니다.

  ③ 자리 수가 같으면 가장 높은 자리의 수부터 차례로 비교하여 수가 더 [ ] 쪽이 더 큽니다.

교과서 유형

7 두 수의 크기를 비교하여 ◯ 안에 >, < 중 알맞은 것을 써넣으시오.

(1) 2876541 ◯ 987509

(2) 163000 ◯ 180000

8 더 큰 수를 들고 있는 사람의 이름을 쓰시오.

구십오억	팔백만
은서	지환

( )

9 두 수의 크기를 비교하여 ◯ 안에 >, < 중 알맞은 것을 써넣으시오.

58만 7200 ◯ 598300

10 경기장별 전체 관람석을 나타낸 그림입니다. 전체 관람석이 가장 많은 경기장을 찾아 쓰시오.

서울 월드컵 경기장 (66704석)

인천 문학 경기장 주경기장 (49084석)

대전 월드컵 경기장 (40903석)

( )

11 더 큰 수를 찾아 기호를 쓰시오.

┌─────────────────────────┐
│ ㉠ 사백삼십조 오백구억   │
│ ㉡ 조가 403개, 억이 7230개인 수 │
└─────────────────────────┘

( )

익힘책 유형

12 0부터 9까지의 수 중에서 □ 안에 들어갈 수 있는 수를 모두 쓰시오.

┌─────────────────────────┐
│ 417853 < 41□092   │
└─────────────────────────┘

( )

해결의 법칙 수의 크기를 비교할 때에는 먼저 자리 수를 비교해야 합니다.

385012879 ✕ 87653210 ➡ 자리 수를 비교하지 않고 가장 높은 자리의 수만 3<8로 비교하여 틀렸습니다.

3<8
자리 수가 더 많은 쪽이 더 크므로 385012879 > 87653210입니다.
(9자리 수)   (8자리 수)

1 큰 수

1 □ 안에 알맞은 수를 써넣으시오.

10000은
┌ 9000보다 □ 만큼 더 큰 수
├ 9900보다 □ 만큼 더 큰 수
├ 9990보다 □ 만큼 더 큰 수
└ 9999보다 □ 만큼 더 큰 수

2 수를 읽어 보시오.

(1) 70000

( )

(2) 8200000000

( )

3 10만씩 뛰어 세어 보시오.

49만 — 59만 — [ ]

[ ] — 89만

4 두 수의 크기를 비교하여 ○ 안에 >, < 중 알맞은 것을 써넣으시오.

(1) 30278 ○ 145312

(2) 691500 ○ 720000

5 빈칸에 알맞은 수를 써넣으시오.

6 수를 쓰시오.

(1) 이억 오천만

( )

(2) 사십삼조 육십억

( )

7 • 보기 •와 같이 나타내 보시오.

┌ 보기 ─────────────
908326
＝900000＋8000＋300＋20＋6
└────────────────────

1072586
＝ _____

8 백억의 자리 숫자를 쓰시오.

392458367105000

( )

9 같은 수끼리 선으로 이어 보시오.

10000이 10개인 수	•	•	천만
10000이 100개인 수	•	•	십만
10000이 1000개인 수	•	•	백만

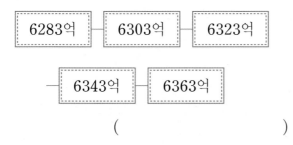

유사문제

10 기사를 읽고 1광년은 약 몇 km인지 수를 쓰시오.

○월 ○일

움직이는 빛

빛은 1초 동안 약 30만 km를 갑니다. 빛이 1년 동안 가는 거리를 1광년이라 하는데 그 거리는 약 구조 사천육백억 km 입니다. 태양계가 속한 우리 은하의 길이가 약 10만 광년이라고 합니다.

약 (   ) km

11 얼마씩 뛰어 세었습니까?

| 6283억 | — | 6303억 | — | 6323억 |

| 6343억 | — | 6363억 |

(   )

12 1475억에서 100억씩 3번 뛰어 센 수는 얼마인지 풀이 과정을 완성하고 답을 구하시오.

풀이 100억씩 뛰어 세면 □ 의 자리 숫자가 □ 씩 커집니다.

| 1475억 | — | □ | — | □ |

— □ 이므로 1475억에서 100억씩 3번 뛰어 센 수는 □ 입니다.

답 _____

유사문제

13 큰 수부터 차례로 기호를 쓰시오.

⊙ 195430   ⓒ 87965   ⓒ 189000

(   )

14 숫자 3이 30억을 나타내는 수는 어느 것입니까?
·· (   )

① 4358240000   ② 39108251

③ 753291000000   ④ 53000000

⑤ 2583172600000000

15 가격이 싼 물건부터 차례로 쓰시오.

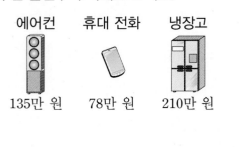

에어컨   휴대 전화   냉장고

135만 원   78만 원   210만 원

(   )

유사문제

16 뛰어 세기를 한 규칙을 쓰고 빈칸에 알맞은 수를 써넣으시오.

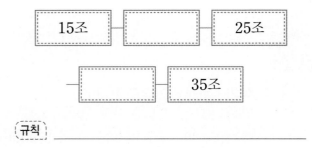

| 15조 | | 25조 |

| | 35조 |

규칙 _____

17 더 작은 수를 말한 사람에 △표 하시오.

십이억 오천육백만 사십.

억이 13개, 만이 46개인 수.

(   )   (   )

18 서우는 10000원짜리 지폐 25장, 1000원짜리 지폐 17장을 모았습니다. 서우가 모은 돈은 10000원짜리 지폐로 몇 장까지 바꿀 수 있습니까?

(   )

19 은서와 지수가 말하는 수를 구하시오.

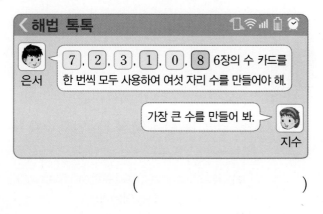

해법 톡톡

은서   7 , 2 , 3 , 1 , 0 , 8   6장의 수 카드를 한 번씩 모두 사용하여 여섯 자리 수를 만들어야 해.

가장 큰 수를 만들어 봐.   지수

(   )

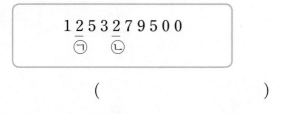

유사문제

20 ㉠이 나타내는 값은 ㉡이 나타내는 값의 몇 배입니까?

1 2 5 3 2 7 9 5 0 0
     ㉠   ㉡

(   )

QR 코드를 찍어 게임을 해 보고 이번 단원을 확실히 익혀 보세요!

✿정답은 **8**쪽

1 큰 수

1 1000이 10개인 수를 ⬚ 또는 1만이라 쓰고, ⬚ 또는 일만이라고 읽습니다.

생각의 방향

2 10000이 2개, 1000이 3개, 100이 5개, 10이 7개, 1이 8개인 수를 ⬚ (이)라고 씁니다.

3 34905를 삼만 사천구백오십이라고 읽습니다.   (○ , ×)

숫자가 0인 자리는 읽지 않습니다.

4 87653= ⬚ +7000+600+ ⬚ +3

각 자리의 숫자가 나타내는 값의 합으로 나타내 봅니다.

5 100000이 100개이면 1000000이라 쓰고, 백만이라고 읽습니다.

(○ , ×)

6 1000억이 10개인 수를 ⬚ (이)라고 씁니다.

7 1000만씩 뛰어 세면

3억 2675만 ── 3억 3675만 ── ⬚ 입니다.

1000만씩 뛰어 세면 천만의 자리 숫자가 1씩 커집니다.

8 7204659722540000 ◯ 7204조 9003억
└→ >, < 중 알맞은 것을 써넣기

자리 수가 같으면 가장 높은 자리의 수부터 차례로 비교합니다.

개념 공부를 완성했다!

각도

 제2화 산적들에게 각도 알려주기

이 산을 넘으려면
통행료를 내야 하지~!
호두를 한 무더기 가져오너라.

아직은 우리의 정체를
밝힐 때가 아니야!
저기 호두나무 밑에
떨어진 호두를
주워 모으자.

아, 알겠습니다!

으~ 참아야 해.
참아야 해……

각의 크기는 두 변이 벌어진
정도에 따라 비교할 수 있으니까
B가 A보다 더 큰 각이네!
B 나무의 호두는
내가 가져야겠다.

A, B 호두
나무는 모두 내
구역에 있는
나무니까~

호두가 두 무더기네?

A, B 두 나무 중에
각이 더 큰 나무의
호두가 더 많아요!

뻥!!

주운 호두는 모두
내 것이야. 저리 꺼져!

얘들아,
저 꼬마의 몸을
당장 뒤져봐라.

넵!

탈! 탈!

챙그랑

이전에 배운 내용	이번에 **배울 내용**	앞으로 배울 내용
[3-1 평면도형] • 각, 직각 • 직각삼각형 • 직사각형 • 정사각형	• 각도 / 예각, 둔각 • 각도의 합과 차 • 삼각형의 세 각의 크기의 합 • 사각형의 네 각의 크기의 합	**[4-2 삼각형]** • 예각삼각형 • 둔각삼각형

개념 파헤치기

STEP

개념 1 — 각의 크기를 비교해 볼까요

개념 동영상

• 각의 크기 비교하기

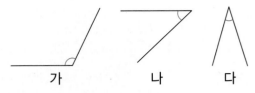
가　　　나　　　다

각의 크기는 변의 길이에 관계없이 **두 변이 많이 벌어질수록 큰 각**입니다.

┌ 두 변이 가장 많이 벌어져 있는 각이 가이므로 가장 큰 각은 가입니다.
└ 두 변이 가장 적게 벌어져 있는 각이 다이므로 가장 작은 각은 다입니다.

• 투명 종이를 이용하여 각의 크기 비교하기

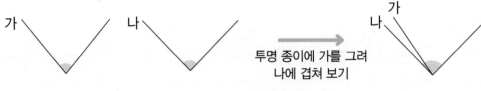

가　　　　나　　　　　　　투명 종이에 가를 그려　　　나 가
　　　　　　　　　　　　　　 나에 겹쳐 보기

➡ 더 큰 각은 나입니다.

• 여러 가지 단위로 각의 크기 비교하기

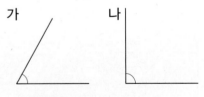
가　　　나

단위			
가	2개	4개	6개
나	3개	6개	9개

가와 나에 각각 몇 개가 들어가는지 확인해 봐.

➡ 나의 크기는 가의 크기보다 ╱ 1개만큼 더 큽니다.

개념 체크하기

✏ 빈칸에 글자나 수를 따라 쓰세요.

❶ 각의 두 변이 | 많 | 이 | | 벌 | 어 | 질 | 수 | 록 | 각의 크기가 더 큽니다.

❷ 각의 크기는 변의 길이와 | 관 | 계 | 없 | 습 | 니 | 다 |.

1 더 많이 벌어진 부채에 ○표 하시오.

(1)

(   )   (   )

(2)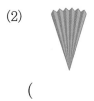

(   )   (   )

2 두 각 중 크기가 더 작은 각의 기호를 쓰시오.

(1)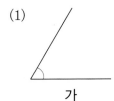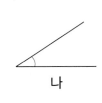

가   나

(   )

(2)

가   나

(   )

2

각
도

3 투명 종이를 이용하여 두 각의 크기를 비교하였습니다. 더 큰 각의 기호를 쓰시오.

가    나  → 나 가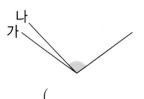

(   )

4 부챗살을 이용하여 가와 나의 크기를 재었습니다. 가와 나 중 크기가 더 큰 각의 기호를 쓰시오.

부챗살   가    나

> 부챗살이 각각
> 몇 개 들어가는지
> 세어 봐.

(   )

개념 2

각의 크기를 알아볼까요

• 각의 크기 알아보기

> **각의 크기**를 **각도**라고 합니다. 각도를 나타내는 단위에는 **도**가 있습니다.
> **직각의 크기를 똑같이 90으로 나눈 것 중 하나**를 **1도**라 하고, **1°**라고 씁니다.
> 직각의 크기는 **90°**입니다.

각의 크기를 재는 도구가 각도기야.

각도기의 가장 작은 눈금 한 칸의 크기가 1°야.

각도기의 중심   각도기의 밑금

• 각도기를 이용하여 각도 재기

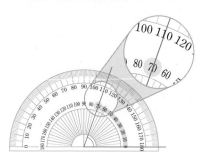

각도를 재는 방법

① 각도기의 중심을 각의 꼭짓점에 맞춥니다.
② 각도기의 밑금을 각의 한 변에 맞춥니다.
③ 각의 나머지 한 변과 만나는 각도기의 눈금을 확인합니다.
→ 각도는 70°입니다.

각의 한 변이 안쪽 눈금 0에 맞춰져 있으니까 안쪽 눈금을 읽어.

각의 한 변이 바깥쪽 눈금 0에 맞춰져 있으니까 바깥쪽 눈금을 읽어.

안쪽 눈금 0   바깥쪽 눈금 0

 개념 체크하기

각의 크기를 | 각 | 도 | 라 하고, 직각의 크기를 똑같이 90으로 나눈 것 중 하나를 | 1 | ° | 라고 씁니다.

1 각도를 재려고 합니다. 각도기를 바르게 놓은 것에 ◯표 하시오.

(1)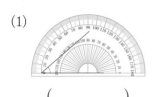

(   )   (   )

(2)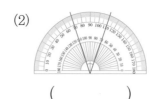

(   )   (   )

[2~5] 각도를 읽어 보시오.

2

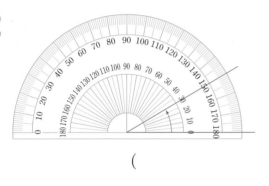

(   )

3

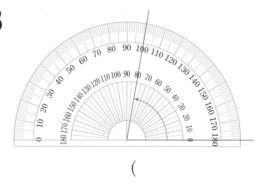

(   )

4

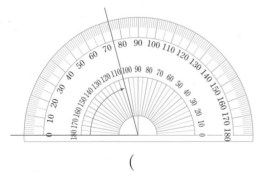

(   )

5

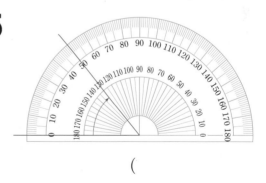

(   )

2

각 도

개념 체크 문제

각도기로 각도를 잴 때 **각도기의 중심을 각의** ⬚⬚⬚ 에 맞추고, **각도기의 밑금을 각의 한** ⬚ 에

맞춘 후 각의 나머지 한 변과 만나는 각도기의 눈금을 확인합니다.

2 STEP 개념 확인하기

개념1 각의 크기를 비교해 볼까요

각의 크기는 변의 길이에 관계없이 두 ☐이 벌어진 정도에 따라 결정됩니다.

교과서 유형

1 두 각 중 크기가 더 큰 각의 기호를 쓰시오.

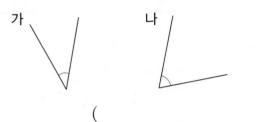

( )

2 부챗살을 이용하여 가와 나의 크기를 재었습니다. ☐ 안에 알맞은 수를 써넣으시오.

부챗살

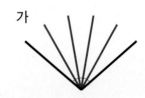 

→ 가의 크기는 나의 크기보다 부챗살 ☐개만큼 더 작습니다.

익힘책 유형

3 왼쪽의 각보다 크기가 더 큰 각의 기호를 쓰시오.

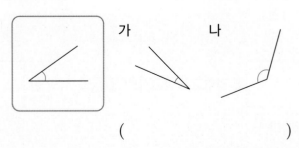

( )

[4~5] 세 각의 크기를 비교해 보시오.

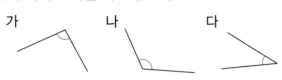

4 크기가 가장 작은 각의 기호를 쓰시오.

( )

5 크기가 가장 큰 각의 기호를 쓰고 그 이유를 쓰시오.

( )

이유 _____

_____

[6~7] 두 각 가와 나의 크기를 여러 가지 단위로 비교하였습니다. ☐ 안에 알맞은 수를 써넣으시오.

단위	가	나
◿	4개	2개
◿	6개	3개

6 가의 크기는 나의 크기보다 ◿ ☐개만큼 더 큽니다.

7 가의 크기는 나의 크기보다 ◿ ☐개만큼 더 큽니다.

개념2 각의 크기를 알아볼까요

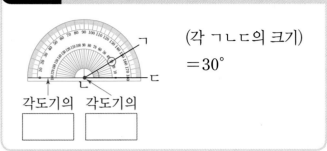

(각 ㄱㄴㄷ의 크기)
$=30°$

각도기의 각도기의
☐   ☐

교과서 유형

8 각도를 읽어 보시오.

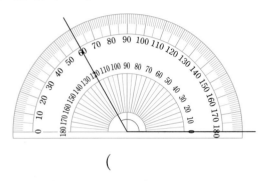

(   )

[9~10] 그림을 보고 각도를 구하시오.

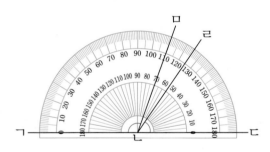

9 각 ㄱㄴㅁ의 크기를 읽어 보시오.

(   )

10 각 ㄹㄴㄷ의 크기를 읽어 보시오.

(   )

익힘책 유형

11 각도기를 이용하여 각도를 재어 보시오.

(   )

12 각도기를 이용하여 빨간색으로 표시한 각도를 재어 보시오.

(   )

13 각도기를 이용하여 삼각자의 각도를 재어 보시오.

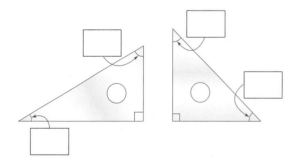

2

각
도

 해결의 법칙 각도기를 이용하여 각도를 잴 때 다음을 주의해야 합니다.
① 각도기의 중심을 각의 꼭짓점에 맞춰야 합니다.
② 각도기의 밑금을 각의 한 변에 맞춰야 합니다.
③ 각도기의 밑금을 맞춘 각의 한 변에서 시작하여 각의 나머지 변과 만나는 각도기의 눈금을 읽어야 합니다.

개념 파헤치기

STEP 1

개념 3

직각보다 작은 각과 큰 각을 알아볼까요

개념 동영상

• 예각 알아보기

각도가 **0°보다 크고 직각보다 작은 각**을 **예각**이라고 합니다.

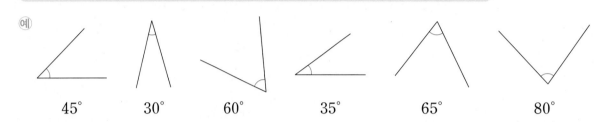

예

| 45° | 30° | 60° | 35° | 65° | 80° |

• 둔각 알아보기

각도가 **직각보다 크고 180°보다 작은 각**을 **둔각**이라고 합니다.

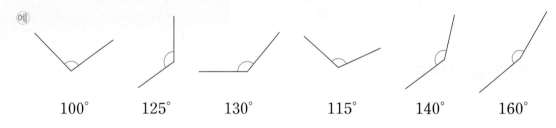

예

| 100° | 125° | 130° | 115° | 140° | 160° |

참고 직각을 기준으로 예각과 둔각 구분하기

예각 (0°< 예각< 90°)	직각 (90°)	둔각 (90°< 둔각< 180°)

직각보다 작으면 예각, 직각보다 크면 둔각이야.

개념 체크하기

✏️ 빈칸에 글자나 수를 따라 쓰세요.

❶ 각도가 0°보다 크고 직각보다 작은 각을 | 예 | 각 |이라고 합니다.

❷ 각도가 직각보다 크고 180°보다 작은 각을 | 둔 | 각 |이라고 합니다.

1 각을 크기에 따라 분류하여 기호를 쓰시오.

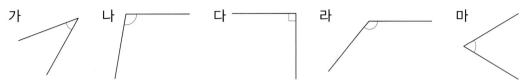

직각보다 작은 각	직각	직각보다 큰 각

2 주어진 각이 '예각'인지, '둔각'인지 알맞은 말에 ◯표 하시오.

(1)

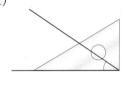

(예각 , 둔각)

(2)

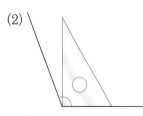

(예각 , 둔각)

3 주어진 각이 '예각'인지, '둔각'인지 알맞게 쓰시오.

(1)

(   )

(2)

(   )

4 주어진 각을 그리려고 합니다. 점 ㄱ과 이어야 할 점의 번호를 쓰시오.

(1)

예각

(   )

(2)

둔각

(   )

각
도

2

개념 4

각도를 어림해 볼까요

• 삼각자의 각을 기준으로 각도 어림하기

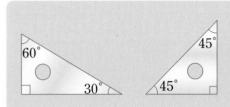

삼각자에서 볼 수 있는 각도 **30°, 45°, 60°, 90°**를 이용하여 각도를 어림할 수 있습니다.

어림을 할 때는 '약'을 붙여서 말해.

예)

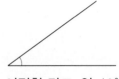

어림한 각도: 약 40°

삼각자의 45°와 비교했을 때 조금 더 작아 보여서 약 40°로 어림하였습니다.

→

잰 각도: 35°

예)

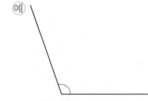

어림한 각도: 약 100°

삼각자의 90°와 비교했을 때 조금 더 커 보여서 약 100°로 어림하였습니다.

→

잰 각도: 110°

> 어림한 각도가 각도기로 잰 각도에 **가까울수록** 더 정확하게 어림한 것입니다.

• 각도를 어림하여 그리기

① 각도기를 이용하지 않고 90°, 180°를 비슷하게 그릴 수 있습니다.

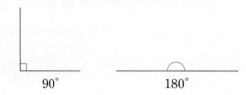

② 90°, 180°를 이용하여 45°, 135°를 비슷하게 그릴 수 있습니다.

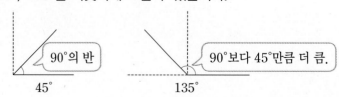

90°의 반

90°보다 45°만큼 더 큼.

45°   135°

[1~2] 각도를 어림하고 각도기로 재어 보시오.

1

- 어림한 각도
  약 (   )
- 잰 각도
  (   )

2

- 어림한 각도
  약 (   )
- 잰 각도
  (   )

[3~4] 친구들이 각도를 어림했습니다. ☐ 안에 알맞은 수나 말을 써넣으시오.

3

	어림한 각도
동화	약 70°
해선	약 80°

각도기로 각도를 재어 보면 ☐° 이므로 더 정확하게 어림한 사람은 ☐ 입니다.

4

	어림한 각도
우형	약 110°
선영	약 120°

각도기로 각도를 재어 보면 ☐° 이므로 더 정확하게 어림한 사람은 ☐ 입니다.

[5~6] 자만 이용하여 주어진 각도를 어림하여 그려 보고, 그린 각도를 각도기로 재어 확인해 보시오.

5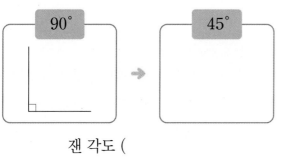

잰 각도 (   )

6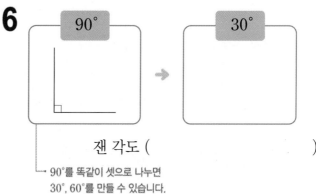

잰 각도 (   )

└→ 90°를 똑같이 셋으로 나누면
30°, 60°를 만들 수 있습니다.

2

각
도

STEP 2 개념 확인하기

개념3 직각보다 작은 각과 큰 각을 알아볼까요

| | : 각도가 0°보다 크고 직각보다 작은 각 |
| | : 각도가 직각보다 크고 180°보다 작은 각 |

[1~2] 부채를 펼친 각이 '예각'인지, '둔각'인지 알맞게 쓰시오.

1

(   )

2

(   )

교과서 유형

[3~4] 각을 보고 물음에 답하시오.

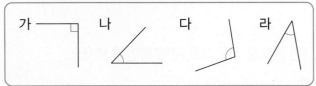

3 예각을 모두 찾아 기호를 쓰시오.

(   )

4 둔각을 찾아 기호를 쓰시오.

(   )

5 알맞은 것끼리 선으로 이어 보시오.

| 55° | 100° | 80° | 160° |

예각   둔각

6 주어진 선을 이용하여 예각을 그려 보시오.

7 주어진 선을 이용하여 둔각을 그려 보시오.

익힘책 유형

8 □ 안에 각이 '예각'인지, '둔각'인지 써넣으시오.

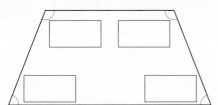

[9~10] 주어진 시각에 맞게 짧은바늘을 그리고 긴바늘과 짧은바늘이 이루는 작은 쪽의 각이 예각, 둔각 중 어느 것인지 쓰시오.

9

2시

 ➡ [   ]

10

8시

 ➡ [   ]

개념4 각도를 어림해 볼까요

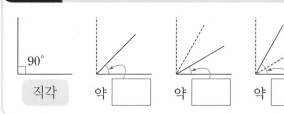

직각   약 [   ]   약 [   ]   약 [   ]

11 이탈리아에 있는 피사의 사탑은 기울어져 있어서 유명합니다. 피사의 사탑과 땅 사이의 각도를 어림해 보시오.

약 (   )

[12~13] 각도를 어림하고 각도기로 재어 보시오.

12

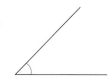

어림한 각도	잰 각도
약	

13

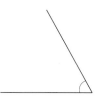

어림한 각도	잰 각도
약	

14 은서와 윤주가 각도를 어림했습니다. 누가 더 정확하게 어림했는지 알아보시오.

	어림한 각도
은서	약 85°
윤주	약 70°

(1) 각도기를 이용하여 각도를 재어 보시오.

(   )

(2) 더 정확하게 어림한 사람은 누구입니까?

(   )

해결의 법칙 직각을 기준으로 직각보다 작으면 예각이고, 직각보다 크면 둔각입니다.

0°< 예각 < 직각 ➡ 0°는 예각에 포함되지 않습니다.

직각 < 둔각 < 180° ➡ 180°는 둔각에 포함되지 않습니다. (180°보다 큰 각을 둔각으로 착각하지 않도록 주의합니다.)

2 각도

개념 파헤치기

STEP 1

2. 각도

개념 5 각도는 어떻게 더할까요

개념 동영상

• 30°와 40°의 합 구하기

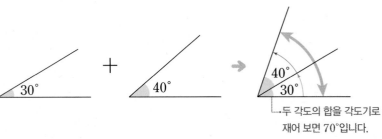

각도의 합은 각각의 각도를 더한 것과 같아.

└ 두 각의 합을 각도기로 재어 보면 70°입니다.

각도의 합은 자연수의 덧셈을 이용하여 구할 수 있어.

$$30° + 40° = 70°$$
$$30 + 40 = 70$$

• 삼각자로 각도의 합을 이용하여 만들 수 있는 각도 알아보기

두 삼각자를 이어 붙여서 만들 수 있는 각도의 합은 다음과 같습니다.

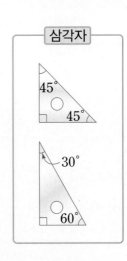
삼각자

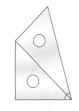

$45° + 30° = 75°$

$45° + 60° = 105°$

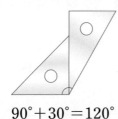

$90° + 30° = 120°$

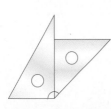

$90° + 45° = 135°$

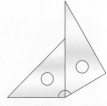

$90° + 60° = 150°$

$90° + 90° = 180°$

개념 체크하기

✏ 빈칸에 글자나 수를 따라 쓰세요.

각도의 합은 ｜자｜연｜수｜의｜덧｜셈｜과 같은 방법으로 계산하고 단위 °를 붙입니다.

48 • 수학 4-1

기본 문제

[1~2] 두 각도의 합을 각도기로 재어 보시오.

1

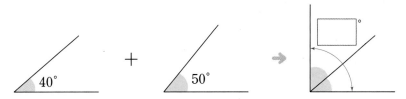

2

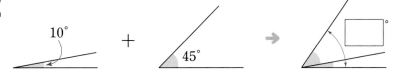

[3~4] 두 각도의 합을 구하는 과정입니다. ☐ 안에 알맞은 수를 써넣으시오.

3

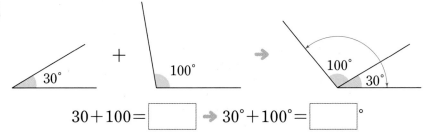

$$30+100= \boxed{} \Rightarrow 30°+100°= \boxed{}°$$

4

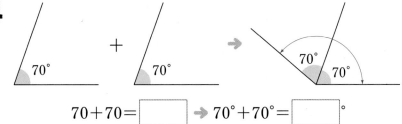

$$70+70= \boxed{} \Rightarrow 70°+70°= \boxed{}°$$

5 각도의 합을 구하시오.

(1) $120°+70°$ (2) $105°+90°$

2

각
도

개념 6 각도는 어떻게 뺄까요

• 110°와 50°의 차 구하기

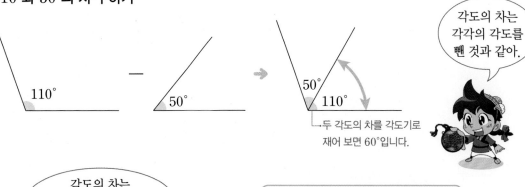

각도의 차는 각각의 각도를 뺀 것과 같아.

→ 두 각도의 차를 각도기로 재어 보면 60°입니다.

각도의 차는 자연수의 뺄셈을 이용하여 구할 수 있어.

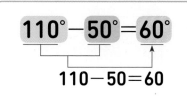

$$110° - 50° = 60°$$
$$110 - 50 = 60$$

• 삼각자로 각도의 차를 이용하여 만들 수 있는 각도 알아보기

두 삼각자를 포개어 붙여서 만들 수 있는 각도의 차는 다음과 같습니다.

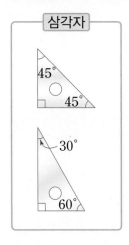
삼각자

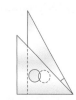

$$60° - 45° = 15°$$ $$90° - 60° = 30°$$

$$90° - 45° = 45°$$ $$90° - 30° = 60°$$

두 각을 포개어 붙였을 때 겹쳐지지 않은 부분이 이루는 각이 두 각도의 차야.

개념 체크하기

각도의 차는 │자│연│수│의│ │뺄│셈│ 과 같은 방법으로 계산하고 단위 °를 붙입니다.

기본 문제

[1~2] 두 각도의 차를 각도기로 재어 보시오.

1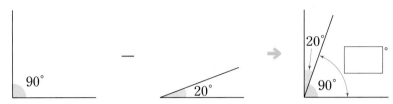

2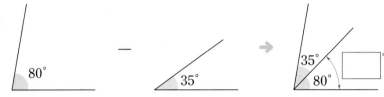

[3~4] 두 각도의 차를 구하는 과정입니다. ☐ 안에 알맞은 수를 써넣으시오.

3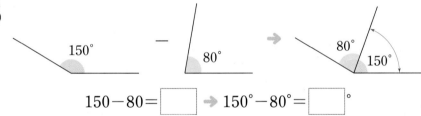

$$150-80=\boxed{} \Rightarrow 150°-80°=\boxed{}°$$

4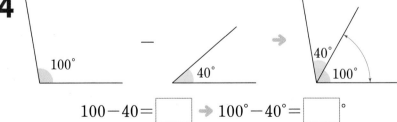

$$100-40=\boxed{} \Rightarrow 100°-40°=\boxed{}°$$

5 각도의 차를 구하시오.

(1) $70°-20°$

(2) $115°-90°$

개념 5 각도는 어떻게 더할까요

각도의 합은 자연수의 덧셈과 같은 방법으로 계산합니다.

$$20° + 50° = \boxed{}°$$

20+50=70

1 각도의 합을 구하시오.

$$35° + 110°$$

교과서 유형

[2~3] 그림을 보고 ㉠의 각도를 구하시오.

2

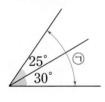

25°
30°
㉠

(   )

3

㉠
130°
20°

(   )

4 각도의 합을 비교하여 ○ 안에 >, =, < 중 알맞은 것을 써넣으시오.

$$70° + 25° \bigcirc 45° + 65°$$

5 ㉠과 ㉡의 각도의 합을 구하시오.

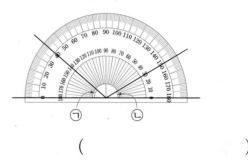

㉠   ㉡

(   )

익힘책 유형

6 두 각의 크기를 각각 재어 두 각도의 합을 구하시오.

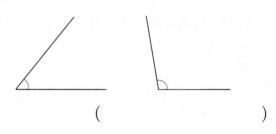

(   )

7 다음 중 가장 큰 각도와 가장 작은 각도의 합을 구하시오.

| 60° | 15° | 160° | 90° |

(   )

8 □ 안에 알맞은 각도를 써넣으시오.

$$\boxed{} - 10° = 50°$$

개념 6 각도는 어떻게 뺄까요

각도의 차는 자연수의 뺄셈과 같은 방법으로 계산합니다.

$$60° - 20° = \boxed{}°$$
$$60 - 20 = 40$$

9 각도의 차를 구하시오.

$$140° - 115°$$

교과서 유형

[10~11] 그림을 보고 ㉠의 각도를 구하시오.

10

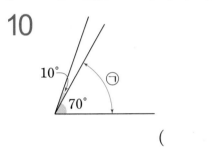

( )

11

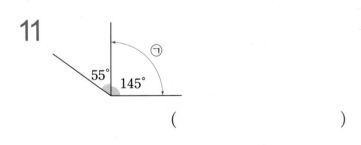

( )

12 각도의 차를 비교하여 ○ 안에 >, =, < 중 알맞은 것을 써넣으시오.

$$90° - 15° \bigcirc 130° - 55°$$

13 다음 중 가장 큰 각도와 가장 작은 각도의 차를 구하시오.

| 30° | 90° | 200° | 25° |

( )

익힘책 유형

14 각도의 차가 둔각인 것에 ○표 하시오.

| $165° - 70°$ | $210° - 150°$ |

( ) ( )

15 □ 안에 알맞은 각도를 써넣으시오.

$$110° + \boxed{} = 270°$$

16 각도기로 세 각의 크기를 각각 재어 가장 큰 각도와 두 번째로 큰 각도의 차를 구하시오.

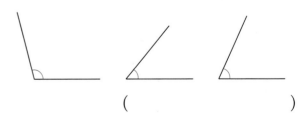

( )

 각도의 차를 구할 때 다음을 주의해야 합니다.
해결의 법칙 ① 큰 각도에서 작은 각도를 빼야 합니다.
② 자연수의 뺄셈과 같은 방법으로 계산한 다음, 단위 °를 붙여야 합니다.

1 STEP 개념 파헤치기

개념 7

삼각형의 세 각의 크기의 합은 얼마일까요

개념 동영상

• 각도를 재어 삼각형의 세 각의 크기의 합 알아보기

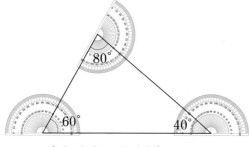

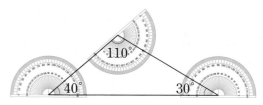

(세 각의 크기의 합)
$= 80° + 60° + 40° = 180°$

(세 각의 크기의 합)
$= 110° + 40° + 30° = 180°$

➡ 삼각형의 모양은 서로 다르지만 **세 각의 크기의 합은 180°**로 같습니다.

• 삼각형을 잘라 삼각형의 세 각의 크기의 합 알아보기

❶ 세 각을 색칠하기

❷ 세 조각으로 자르기

❸ 세 꼭짓점이 한 점에 모이도록 이어 붙이기

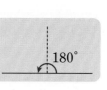
180°

➡ 세 각이 직선 위에 꼭 맞춰지므로 **세 각의 크기의 합은 180°**입니다.

모든 삼각형의 세 각의 크기의 합은 180°입니다.

개념 체크하기

✎ 빈칸에 글자나 수를 따라 쓰세요.

❶ 삼각형은 모양이 서로 다르더라도 세 각의 크기의 합은 | 같 | 습 | 니 | 다 |.

❷ 삼각형의 세 각의 크기의 합은 | 1 | 8 | 0 | ° | 입니다.

[1~2] 삼각형의 세 각의 크기의 합을 구하시오.

1

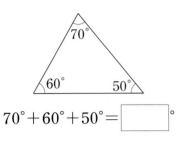

$70° + 60° + 50° = \boxed{}°$

2

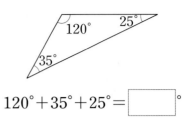

$120° + 35° + 25° = \boxed{}°$

[3~4] 세 각의 크기를 각도기로 재어 보고, 삼각형의 세 각의 크기의 합을 구하시오.

3

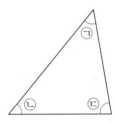

	㉠	㉡	㉢
각도	50°		

세 각의 크기의 합 (   )

4

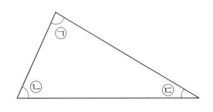

	㉠	㉡	㉢
각도			

세 각의 크기의 합 (   )

5 삼각형을 점선을 따라 잘라서 세 꼭짓점이 한 점에 모이도록 이어 붙였습니다. 삼각형의 세 각의 크기의 합은 몇 도입니까?

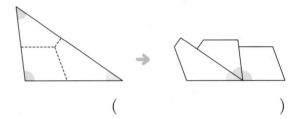

(   )

[6~7] 삼각형에서 ㉠의 각도를 구하시오.

6

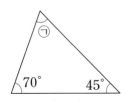

$㉠ + 70° + 45° = \boxed{}°$

$㉠ = \boxed{}° - 70° - 45°$

$㉠ = \boxed{}°$

7

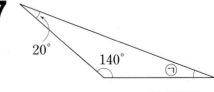

$20° + 140° + ㉠ = \boxed{}°$

$㉠ = \boxed{}° - 20° - 140°$

$㉠ = \boxed{}°$

각
도

2

개념 8

사각형의 네 각의 크기의 합은 얼마일까요

개념 동영상

- 각도를 재어 사각형의 네 각의 크기의 합 알아보기

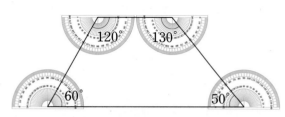

(네 각의 크기의 합)
$= 120° + 60° + 50° + 130° = 360°$

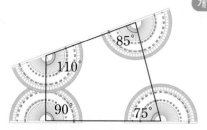

(네 각의 크기의 합)
$= 110° + 90° + 75° + 85° = 360°$

➡ 사각형의 모양은 서로 다르지만 **네 각의 크기의 합은 360°**로 같습니다.

- 사각형을 잘라 사각형의 네 각의 크기의 합 알아보기

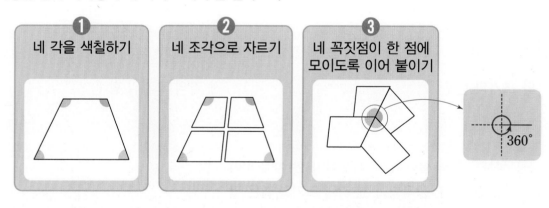

①	②	③
네 각을 색칠하기	네 조각으로 자르기	네 꼭짓점이 한 점에 모이도록 이어 붙이기

360°

➡ 네 각이 빈틈없이 한 바퀴를 채우므로 **네 각의 크기의 합은 360°**입니다.

> **모든 사각형의 네 각의 크기의 합은 360°입니다.**

개념 체크하기

❶ 사각형은 모양이 서로 다르더라도 **네 각의 크기의 합**은 │같│습│니│다│.

❷ 사각형의 **네 각의 크기의 합**은 │ 3 │ 6 │ 0 │ ° │입니다.

[1~2] 사각형의 네 각의 크기의 합을 구하시오.

1

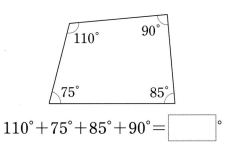

$110° + 75° + 85° + 90° = $ ☐ °

2

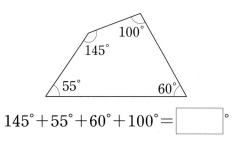

$145° + 55° + 60° + 100° = $ ☐ °

[3~4] 네 각의 크기를 각도기로 재어 보고, 사각형의 네 각의 크기의 합을 구하시오.

3

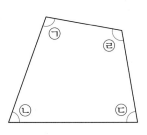

	㉠	㉡	㉢	㉣
각도	100°			

네 각의 크기의 합 (   )

4

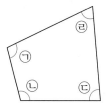

	㉠	㉡	㉢	㉣
각도				

네 각의 크기의 합 (   )

5 사각형을 점선을 따라 잘라서 네 꼭짓점이 한 점에 모이도록 이어 붙였습니다. 사각형의 네 각의 크기의 합은 몇 도입니까?

(   )

[6~7] 사각형에서 ㉠의 각도를 구하시오.

6

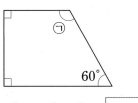

$90° + 90° + 60° + ㉠ = $ ☐ °

$㉠ = $ ☐ $° - 90° - 90° - 60°$

$㉠ = $ ☐ °

7

$90° + 85° + 75° + ㉠ = $ ☐ °

$㉠ = $ ☐ $° - 90° - 85° - 75°$

$㉠ = $ ☐ °

개념7 삼각형의 세 각의 크기의 합은 얼마일까요

모든 삼각형의 세 각의 크기의 합은 180°입니다.

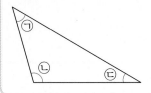

㉠＋㉡＋㉢＝ □ °

1 각도기를 이용하여 삼각형의 세 각의 크기를 각각 재어 보고, 세 각의 크기의 합을 구하시오.

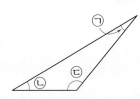

	㉠	㉡	㉢
각도			

세 각의 크기의 합 ( )

교과서 유형

[2~3] □ 안에 알맞은 각도를 써넣으시오.

2

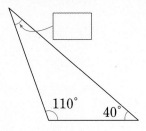

110°   40°

3

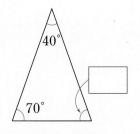

40°

70°

4 삼각형의 세 각의 크기가 될 수 <u>없는</u> 것의 기호를 쓰시오.

㉠ 60°, 70°, 50°   ㉡ 110°, 40°, 10°

( )

5 어떤 삼각형의 두 각의 크기가 각각 80°, 90°입니다. 나머지 한 각의 크기를 구하시오.

( )

익힘책 유형

[6~7] 삼각형에서 ㉠과 ㉡의 각도의 합을 구하시오.

6

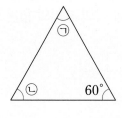

㉠

㉡   60°

( )

7

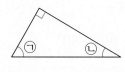

㉠   ㉡

( )

개념8 사각형의 네 각의 크기의 합은 얼마일까요

모든 사각형의 네 각의 크기의 합은 360°입니다.

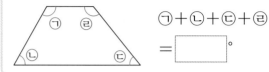

ㄱ＋ㄴ＋ㄷ＋ㄹ
＝ ☐ °

8 각도기를 이용하여 사각형의 네 각의 크기를 각각 재어 보고, 네 각의 크기의 합을 구하시오.

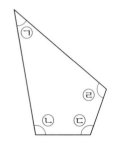

	ㄱ	ㄴ	ㄷ	ㄹ
각도				

네 각의 크기의 합 (   )

교과서 유형

9 ☐ 안에 알맞은 각도를 써넣으시오.

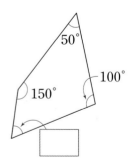

50°
100°
150°
☐

10 다음과 같이 사각형을 삼각형 2개로 나누어 사각형의 네 각의 크기의 합을 구하려고 합니다. ☐ 안에 알맞은 각도를 써넣으시오.

가
나

삼각형 가의 세 각의 크기의 합은 ☐ 이고
삼각형 나의 세 각의 크기의 합은 ☐ 입니다.
따라서 사각형의 네 각의 크기의 합은
☐ ＋ ☐ ＝ ☐ 입니다.

2

각
도

11 어떤 사각형의 세 각의 크기가 각각 65°, 45°, 120°입니다. 나머지 한 각의 크기를 구하시오.

(   )

익힘책 유형

12 사각형에서 ㉠과 ㉡의 각도의 합을 구하시오.

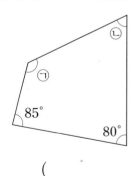

㉡
㉠
85°
80°

(   )

해결의 법칙   사각형의 네 각의 크기의 합이 360°임을 이용하여 모르는 각의 크기를 구할 수 있습니다.
• 한 각(㉠)의 크기를 모르는 사각형: ㉠은 360°에서 나머지 세 각의 크기를 뺍니다.
• 두 각(㉠, ㉡)의 크기를 모르는 사각형: ㉠＋㉡은 360°에서 나머지 두 각의 크기를 뺍니다.

1 각도를 재려고 합니다. 각도기를 바르게 놓은 것은 어느 것입니까? ·················· (　　　)

① 　②

③ 　④

⑤

2 둔각을 찾아 ○표 하시오.

（　　　）　（　　　）　（　　　）

3 크기가 큰 각부터 차례로 기호를 쓰시오.

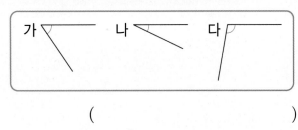

（　　　　　　）

4 각도를 읽어 보시오.

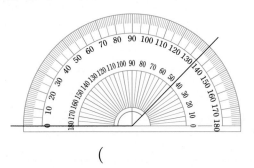

（　　　　　　）

5 각도기를 이용하여 각도를 재어 보시오.

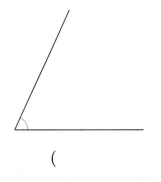

（　　　　　　）

6 왼쪽보다 크기가 작은 각을 그려 보시오.

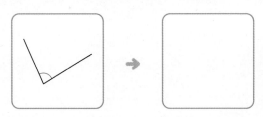

7 긴바늘과 짧은바늘이 이루는 작은 쪽의 각이 예각인 시계를 찾아 기호를 쓰시오.

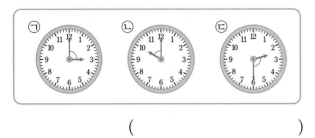

(   )

[8~9] 각도의 합과 차를 구하시오.

8 $180° + 120°$

9 $240° - 90°$

10 다음 중 둔각이 <u>아닌</u> 것은 어느 것입니까?
··· (   )

① $100°$ ② $85°$ ③ $162°$

④ $95°$ ⑤ $135°$

11 두 각도의 합과 차를 각각 구하시오.

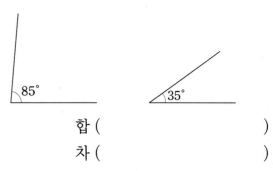

합 (   )

차 (   )

12 각도의 합이 예각이면 '예', 직각이면 '직', 둔각이면 '둔'이라고 쓰시오.

$$45° + 55°$$

(   )

유사문제

13 각도를 비교하여 ◯ 안에 >, =, < 중 알맞은 것을 써넣으시오.

$$70° + 65° \bigcirc 160° - 15°$$

14 양팔저울로 무게를 재려고 합니다. 표시한 각도를 어림하고 각도기로 재어 보시오.

어림한 각도	잰 각도
약	

2

각
도

15 출또야와 산도 중 도형의 각의 크기가 될 수 <u>없는</u> 것을 말한 사람의 이름과 그 이유를 쓰시오.

> 삼각형의 세 각의 크기가 각각 30°, 55°, 95°야.

출또야

> 사각형의 네 각의 크기가 각각 50°, 80°, 90°, 130°예요.

산도

(   )

이유 _____

_____

유사문제

[16~17] □ 안에 알맞은 각도를 써넣으시오.

16
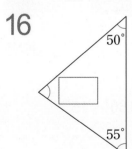
50°
55°

17
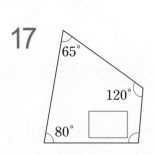
65°
120°
80°

18 어떤 사각형의 두 각의 크기가 각각 100°, 115°입니다. 이 사각형의 나머지 두 각의 크기의 합을 구하시오.

(   )

19 각을 보고 선주는 각도를 약 20°로 어림했고, 준호는 약 50°로 어림했습니다. 누가 더 정확하게 어림했는지 각도기로 재어 알아보시오.

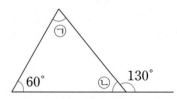

(   )

유사문제

20 ㉠의 각도는 몇 도인지 풀이 과정을 완성하고 답을 구하시오.

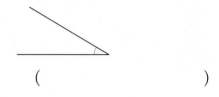
㉠
60° ㉡ 130°

풀이 직선은 180°이므로

㉡의 각도는 180°−☐=☐입니다.

삼각형의 세 각의 크기의 합은 ☐이므로

㉠의 각도는 ☐−60°−☐=☐입니다.

답 _____

QR 코드를 찍어 게임을 해 보고 이번 단원을 확실히 익혀 보세요!

✿정답은 **15**쪽

1 변의 길이가 길수록 각의 크기가 큽니다.　　　　　　(○ , ×)

 생각의 방향

각의 크기는 변의 길이와 관계 없습니다.

2 직각의 크기를 똑같이 90으로 나눈 것 중 하나를 ☐ (이)라고 씁니다.

3 각도가 0°보다 크고 직각보다 작은 각을 ☐ (이)라고 합니다.

직각을 기준으로 직각보다 작으면 예각, 직각보다 크면 둔각입니다.

4 각도가 직각보다 크고 180°보다 작은 각을 ☐ (이)라고 합니다.

5 85°+50°= ☐

각도의 합과 차는 자연수의 덧셈, 뺄셈과 같이 계산한 후 단위(°)를 붙입니다.

6 120°−40°= ☐

7 삼각형의 세 각의 크기의 합은 ☐ 입니다.

8 사각형의 네 각의 크기의 합은 ☐ 입니다.

 개념 공부를 완성했다!

2

각
도

3 곱셈과 나눗셈

 제3화 황금 상자를 찾아 길을 떠나 볼까?

개념 1

(세 자리 수)×(몇십)을 알아볼까요(1)

개념 동영상

• **600×30 계산하기**

⑴ 그림으로 알아보기

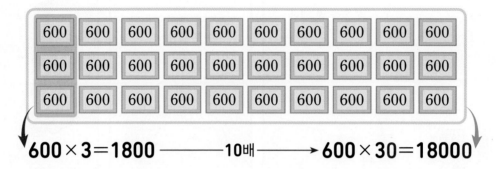

$600 \times 3 = 1800$ ── 10배 ──▶ $600 \times 30 = 18000$

⑵ 계산 방법 알아보기

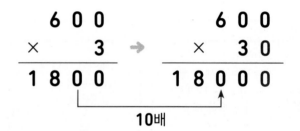

$600 \times 3 = 1800$

10배   10배

$600 \times 30 = 18000$

⑶ (몇백)×(몇십)을 쉽게 계산하는 방법

(몇)×(몇)의 값에 **곱하는 두 수의 0의 개수만큼** 0을 붙입니다.

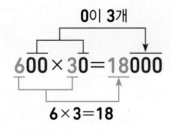

0이 **3**개

$600 \times 30 = 18000$

$6 \times 3 = 18$

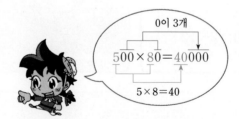

0이 3개

$500 \times 80 = 40000$

$5 \times 8 = 40$

개념 체크하기

🖊 빈칸에 글자나 수를 따라 쓰세요.

❶ 400×20은 400×2를 계산한 후 계산 결과를 | 1 | 0 | 배 | 합니다.

❷ $400 \times 2 = 800$ ➡ $400 \times 20 =$ | 8 | 0 | 0 | 0 |

기본 문제

1 ☐ 안에 알맞은 수를 써넣으시오.

(1) 900×4＝3600
     900×40＝☐ ←☐배

(2) 700×6＝4200
     700×60＝☐ ←☐배

2 ☐ 안에 알맞은 수를 써넣으시오.

(1)
```
   2 0 0          2 0 0
 ×     7        ×   7 0
 ┌───────┐      ┌───────┐
 └───────┘      └───────┘
     └──── ☐배 ────┘
```

(2)
```
   5 0 0          5 0 0
 ×     6        ×   6 0
 ┌───────┐      ┌───────┐
 └───────┘      └───────┘
     └──── ☐배 ────┘
```

[3~5] 계산해 보시오.

3
```
   4 0 0
 ×   3 0
```

4
```
   9 0 0
 ×   2 0
```

5
```
   8 0 0
 ×   4 0
```

6 색종이를 300장씩 한 묶음으로 묶었습니다. 색종이 70묶음은 모두 몇 장인지 알아보시오.

(1) ☐ 안에 알맞은 수를 써넣으시오.

0이 ☐개

300×70＝☐000

3×7＝☐

먼저 0을 빼고 계산한 다음 계산 결과에 0을 붙여 봐.

(2) 색종이 70묶음은 모두 몇 장입니까?

(   )

곱셈과 나눗셈

STEP 1 개념 파헤치기

개념 2 (세 자리 수)×(몇십)을 알아볼까요 (2)

개념 동영상

• 214 × 30 계산하기

⑴ 그림으로 알아보기

214	214	214	214	214	214	214	214	214	214
214	214	214	214	214	214	214	214	214	214
214	214	214	214	214	214	214	214	214	214

214 × 3 = 642 ⟶ 10배 ⟶ 214 × 30 = 6420

⑵ 계산 방법 알아보기

214 × 3 = 642
↓ 10배   ↓ 10배
214 × 30 = 6420

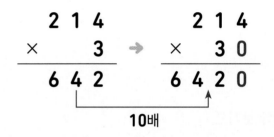

$$
\begin{array}{r} 2\,1\,4 \\ \times\quad 3 \\ \hline 6\,4\,2 \end{array}
\quad\rightarrow\quad
\begin{array}{r} 2\,1\,4 \\ \times\quad 3\,0 \\ \hline 6\,4\,2\,0 \end{array}
$$

10배

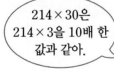
214 × 30은 214 × 3을 10배 한 값과 같아.

그러니까 214 × 3을 구한 후 10배 하여 구하면 돼.

> (세 자리 수)×(몇십)은 (세 자리 수)×(몇)의 **10배**입니다.

개념 체크하기

❶ 163 × 20은 163 × 2를 계산한 후 계산 결과를 ☐ 1 ☐ 0 ☐ 배 합니다.

❷ 163 × 2 = 326 ➡ 163 × 20 = ☐ 3 ☐ 2 ☐ 6 ☐ 0

기본 **문제**

1 •보기•와 같이 계산하시오.

┌ 보기 ┐
$158 \times 6 = 948 \rightarrow 158 \times 60 = 9480$

(1) $453 \times 5 = 2265$

➜ $453 \times 50 = \boxed{}$

(2) $246 \times 7 = 1722$

➜ $246 \times 70 = \boxed{}$

2 ☐ 안에 알맞은 수를 써넣으시오.

(1)
```
    1 8 0          1 8 0
  ×     4        ×    4 0
 ┌─────────┐   ┌─────────┐
 │         │   │         │
 └─────────┘   └─────────┘
      └──┌────┐ 배──┘
         │    │
         └────┘
```

(2)
```
    3 7 0          3 7 0
  ×     5        ×    5 0
 ┌─────────┐   ┌─────────┐
 │         │   │         │
 └─────────┘   └─────────┘
      └──┌────┐ 배──┘
         │    │
         └────┘
```

[3~5] 계산해 보시오.

3
```
    2 4 3
  ×   2 0
─────────
```

4
```
    1 6 8
  ×   3 0
─────────
```

5
```
    4 5 0
  ×   7 0
─────────
```

6 사탕을 한 상자에 233개씩 담았습니다. 40상자에는 사탕이 모두 몇 개가 담겨 있는지 알아보시오.

(1) ☐ 안에 알맞은 수를 써넣으시오.

$233 \times 4 = \boxed{} \rightarrow 233 \times 40 = \boxed{}$

(2) 40상자에 담겨 있는 사탕은 모두 몇 개입니까?

(   )

3

곱셈과 나눗셈

개념 3 (세 자리 수)×(두 자리 수)를 알아볼까요

개념 동영상

• 216×36 계산하기

(1) 그림으로 알아보기

216	216	216	216	216	216	216	216	216	216		216	216
216	216	216	216	216	216	216	216	216	216		216	216
216	216	216	216	216	216	216	216	216	216		216	216

216×30=6480   216×6=1296

→ 216×36=6480+1296=7776

216×36은 216×30과 216×6을 더하면 돼.

(2) 계산 방법 알아보기

```
    2 1 6          2 1 6              2 1 6
  ×   3 6        ×   3 6            ×   3 6
  ─────────      ─────────          ─────────
    1 2 9 6        1 2 9 6            1 2 9 6  ← 216×6
                   6 4 8 0            6 4 8 0  ← 216×30
                                    ─────────
                                     7 7 7 6
```

세 자리 수와 두 자리 수의 일의 자리를 곱하기

세 자리 수와 두 자리 수의 십의 자리를 곱하기

두 곱셈의 계산 결과를 더하기

참고 세로 계산에서 십의 자리를 곱할 때 일의 자리 수 0을 생략할 수도 있습니다.

오른쪽의 648은 6480에서 0이 생략된 값이야.

```
    2 1 6              2 1 6
  ×   3 6            ×   3 6
  ─────────          ─────────
    1 2 9 6            1 2 9 6
    6 4 8 0              6 4 8
  ─────────          ─────────
    7 7 7 6            7 7 7 6
```

이렇게 0을 생략하려면 자리를 잘 맞추어 써야 해.

기본 **문제**

1 ☐ 안에 알맞은 수를 써넣으시오.

(1)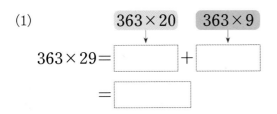

363×20   363×9

363×29 = ☐ + ☐

= ☐

(2)

517×30   517×4

517×34 = ☐ + ☐

= ☐

2 ☐ 안에 알맞은 수를 써넣으시오.

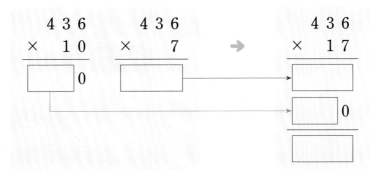

```
   4 3 6        4 3 6          4 3 6
×    1 0     ×      7     →   ×   1 7
☐     0      ☐              ☐
                             ☐     0
                             ☐
```

3 ☐ 안에 알맞은 수를 써넣으시오.

(1)
```
    2 9 4
  ×   4 3
  ☐         ← 294×3
  ☐         ← 294×40
  ☐
```

(2)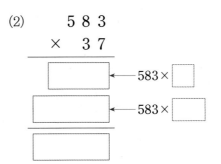
```
    5 8 3
  ×   3 7
  ☐         ← 583×☐
  ☐         ← 583×☐
  ☐
```

[4~6] 계산해 보시오.

4
```
  5 1 5
×   1 9
```

5
```
  9 4 4
×   2 2
```

6
```
  7 6 4
×   3 6
```

곱셈과 나눗셈

3

STEP 2 개념 확인하기

개념 1 (세 자리 수)×(몇십)을 알아볼까요(1)

• 800×70의 계산

$$800 \times 7 = 5600$$
$$800 \times 70 = 56000 \leftarrow \boxed{} \text{배}$$

(몇백)×(몇십)은 (몇백)×(몇)의 10배입니다.

교과서 유형

1 계산해 보시오.

(1)
$$\begin{array}{r} 2\,0\,0 \\ \times\quad 7\,0 \\ \hline \end{array}$$

(2)
$$\begin{array}{r} 5\,0\,0 \\ \times\quad 6\,0 \\ \hline \end{array}$$

익힘책 유형

2 계산 결과를 찾아 선으로 이어 보시오.

70×900 •   • 24000

300×80 •   • 63000

3 곱이 다른 하나를 찾아 ◯표 하시오.

400×40
80×200
60×300

4 곱의 크기를 비교하여 ◯ 안에 >, =, < 중 알맞은 것을 써넣으시오.

(1) 400×60 ◯ 70×300

(2) 50×900 ◯ 800×60

개념 2 (세 자리 수)×(몇십)을 알아볼까요(2)

• 285×30의 계산

$$285 \times 3 = 855$$
$$285 \times 30 = \boxed{} \leftarrow 10\text{배}$$

(세 자리 수)×(몇십)은 (세 자리 수)×(몇)의 10배입니다.

5 446×6=2676입니다. 446×60의 계산에서 숫자 7은 어느 곳에 써야 합니까? ····· (   )

$$\begin{array}{r} 4\,4\,6 \\ \times\quad 6\,0 \\ \hline \textcircled{1}\textcircled{2}\textcircled{3}\textcircled{4}\textcircled{5} \end{array}$$

6 빈 곳에 알맞은 수를 써넣으시오.

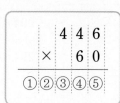

153   ×40

7 곱이 더 큰 것에 ◯표 하시오.

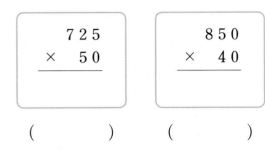

$$
\begin{array}{r}
7\;2\;5 \\
\times\quad 5\;0 \\
\hline
\end{array}
$$

$$
\begin{array}{r}
8\;5\;0 \\
\times\quad 4\;0 \\
\hline
\end{array}
$$

(   )   (   )

개념3 (세 자리 수)×(두 자리 수)를 알아볼까요

• 264×47의 계산

$$
\begin{array}{r}
2\;6\;4 \\
\times\quad 4\;0 \\
\hline
1\;0\;5\;6\;0
\end{array}
\qquad
\begin{array}{r}
2\;6\;4 \\
\times\quad\quad 7 \\
\hline
1\;8\;4\;8
\end{array}
\;\rightarrow\;
\begin{array}{r}
2\;6\;4 \\
\times\quad 4\;7 \\
\hline
1\;8\;4\;8 \\
\boxed{} \\
\hline
1\;2\;4\;0\;8
\end{array}
$$

교과서 유형

8 계산을 하시오.

(1)
$$
\begin{array}{r}
5\;2\;1 \\
\times\quad 1\;4 \\
\hline
\end{array}
$$

(2)
$$
\begin{array}{r}
9\;0\;4 \\
\times\quad 2\;6 \\
\hline
\end{array}
$$

---

9 빈 곳에 알맞은 수를 써넣으시오.

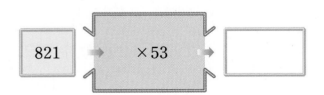

821 → ×53 →

---

10 잘못 계산한 곳을 찾아 ◯표 한 후 바르게 고쳐 보시오.

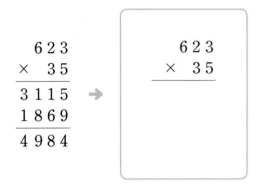

$$
\begin{array}{r}
6\;2\;3 \\
\times\quad 3\;5 \\
\hline
3\;1\;1\;5 \\
1\;8\;6\;9 \\
\hline
4\;9\;8\;4
\end{array}
\qquad\rightarrow\qquad
\begin{array}{r}
6\;2\;3 \\
\times\quad 3\;5 \\
\hline
\end{array}
$$

---

11 클립이 한 상자에 256개씩 들어 있습니다. 23상자에 들어 있는 클립은 모두 몇 개입니까?

(   )

---

12 주아는 문구점에서 한 개에 150원인 지우개를 34개 샀습니다. 주아가 산 지우개는 모두 얼마인지 식을 쓰고 답을 구하시오.

식 _____

답 _____

---

13 할머니께서 만드신 자두잼은 모두 몇 g입니까?

자두잼을 한 병에 350 g씩 모두 12병에 담았네.

(   )

STEP 1. 개념 파헤치기

3. 곱셈과 나눗셈

개념 4 (두 자리 수)÷(두 자리 수)를 알아볼까요

- 80÷40 계산하기

80을 40씩 나누면
2묶음이 됩니다.

$80 \div 40 = 2$

$8 \div 4 = 2$

0을 지우고
8÷4로 생각해.

$$\begin{array}{r} 2 \\ 40 \overline{)80} \\ 80 \quad \leftarrow 40 \times 2 \\ \hline 0 \end{array}$$

- 95÷11 계산하기

방법 1

몫을 1 크게 합니다.   몫을 1 작게 합니다.

$$\begin{array}{r} 7 \\ 11 \overline{)95} \\ 77 \\ \hline 18 \end{array}$$

$\leftarrow$ 나머지가
나누는 수 11보다
큽니다.

$$\begin{array}{r} 8 \\ 11 \overline{)95} \\ 88 \\ \hline 7 \end{array}$$

$$\begin{array}{r} 9 \\ 11 \overline{)95} \\ \hline 99 \end{array}$$

$\leftarrow$ 95보다 커서
뺄 수 없습니다.

방법 2 11과 곱한 값이 **95**보다 크지 않으면서 **95**에 가장 가까운 수는 88이므로 몫은 8입니다.

$11 \times 7 = 77$
$11 \times 8 = 88$
$11 \times 9 = 99$

$$\begin{array}{r} 8 \\ 11 \overline{)95} \\ 88 \quad \leftarrow 11 \times 8 \\ \hline 7 \end{array}$$

$95 \div 11 = 8 \cdots 7$

확인 $11 \times 8 = 88,\ 88 + 7 = 95$

 개념 체크하기

✏️ 빈칸에 글자나 수를 따라 쓰세요.

❶
$$\begin{array}{r} 5 \\ 13 \overline{)79} \\ 65 \\ \hline 14 \end{array}$$

14가 13보다 크므로

몫을 더 | 크 | 게 | 합니다.

❷
$$\begin{array}{r} 7 \\ 13 \overline{)79} \\ \hline 91 \end{array}$$

79에서 91을 뺄 수 없으므로

몫을 더 | 작 | 게 | 합니다.

1 ☐ 안에 알맞은 수를 써넣으시오.

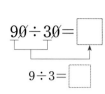

$$90 \div 30 = \boxed{}$$

$$9 \div 3 = \boxed{}$$

$$30\overline{)90} \quad \boxed{}$$

$$\boxed{} \leftarrow 30 \times \boxed{}$$

$$0$$

[2~3] 알맞은 말에 ○표 하고, ☐ 안에 알맞은 수를 써넣으시오.

2

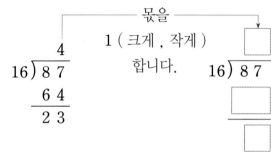

몫을
1 (크게 , 작게)
합니다.

$$\begin{array}{r} 4 \\ 16\overline{)87} \\ 64 \\ \hline 23 \end{array}$$

$$16\overline{)87} \quad \boxed{}$$

$$\boxed{}$$

$$\boxed{}$$

3

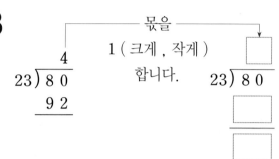

몫을
1 (크게 , 작게)
합니다.

$$\begin{array}{r} 4 \\ 23\overline{)80} \\ 92 \end{array}$$

$$23\overline{)80} \quad \boxed{}$$

$$\boxed{}$$

$$\boxed{}$$

[4~5] ☐ 안에 알맞은 수를 써넣으시오.

4

$$11 \times 3 = 33$$
$$11 \times 4 = 44$$
$$11 \times 5 = 55$$

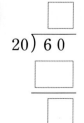

$$11\overline{)47}$$

5

$$24 \times 2 = 48$$
$$24 \times 3 = 72$$
$$24 \times 4 = 96$$

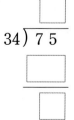

$$24\overline{)79}$$

[6~8] ☐ 안에 알맞은 수를 써넣으시오.

6

$$20\overline{)60}$$

7

$$34\overline{)75}$$

8

$$14\overline{)82}$$

3

곱셈과 나눗셈

개념 5

(세 자리 수)÷(몇십)을 알아볼까요

개념 동영상

• 150÷30 계산하기

150을 30씩 나누면 5묶음이 됩니다.

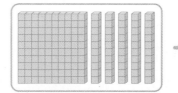

$150 \div 30 = 5$

$15 \div 3 = 5$

0을 지우고 $15 \div 3$으로 생각해.

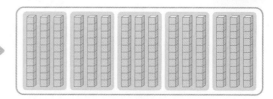

$$30) \overline{150}$$
$$\underline{150} \leftarrow 30 \times 5$$
$$0$$

• 324÷60 계산하기

60과 곱한 값이 324보다 크지 않으면서 324에 가장 가까운 수가 되는 곱셈식을 이용합니다.

$60 \times 4 = 240$
$60 \times 5 = 300$
$60 \times 6 = 360$

$$60) \overline{324}$$
$$\underline{300} \leftarrow 60 \times 5$$
$$24$$

$324 \div 60 = 5 \cdots 24$

확인 $60 \times 5 = 300, \; 300 + 24 = 324$

맞게 계산한 것 같은데 어디가 틀린 거지?

$$60) \overline{324}$$
$$\underline{240}$$
$$84$$

나머지는 나누는 수보다 작아야 해. 몫을 더 크게 해서 계산해 봐.

개념 체크하기

• 257÷40의 계산

$40 \times 5 = 200$
$40 \times 6 = 240$
$40 \times 7 = 280$

40과 곱한 값이 257보다 | 크 | 지 | 않 | 으 | 면 | 서 |

257에 | 가 | 장 | 가 | 까 | 운 | 수 | 는 240이므로 몫은 6입니다.

1 ⬜ 안에 알맞은 수를 써넣으시오.

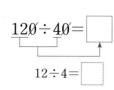

$$120 \div 40 = \boxed{}$$

$$12 \div 4 = \boxed{}$$

$$40 \overline{)120}$$

$$\boxed{} \leftarrow 40 \times \boxed{}$$

$$0$$

[2~4] ⬜ 안에 알맞은 수를 써넣으시오.

2

$$20 \overline{)140}$$

3

$$40 \overline{)160}$$

4

$$50 \overline{)250}$$

[5~6] ⬜ 안에 알맞은 수를 써넣으시오.

5

$30 \times 4 = 120$

$30 \times 5 = \boxed{}$

$30 \times 6 = \boxed{}$

$$30 \overline{)178}$$

6

$60 \times 2 = 120$

$60 \times 3 = \boxed{}$

$60 \times 4 = \boxed{}$

$$60 \overline{)225}$$

[7~9] ⬜ 안에 알맞은 수를 써넣으시오.

7

$$50 \overline{)436}$$

8

$$20 \overline{)148}$$

9

$$80 \overline{)739}$$

개념 6

(세 자리 수)÷(두 자리 수)를 알아볼까요 (1)

개념 동영상

- 152÷19 계산하기

$19×7=133$
$19×8=152$
$19×9=171$

$$19\,\overline{)\,152} \quad \begin{array}{r} 8 \\ \hline 152 \\ \hline 0 \end{array}$$ ← 19×8

$152÷19=8$

확인 $19×8=152$

- 265÷42 계산하기

$42×5=210$
$42×6=252$
$42×7=294$

$$42\,\overline{)\,265} \quad \begin{array}{r} 6 \\ \hline 252 \\ \hline 13 \end{array}$$ ← 42×6

$265÷42=6\cdots13$

확인 $42×6=252,\ 252+13=265$

참고 몫을 어림하여 계산하는 방법

예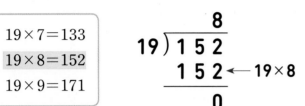

몫을 1 크게 합니다. ➡ ⬅ 몫을 1 작게 합니다.

$$\begin{array}{r} 5 \\ 26\,\overline{)\,157} \\ 130 \\ \hline 27 \end{array}$$

$$\begin{array}{r} 6 \\ 26\,\overline{)\,157} \\ 156 \\ \hline 1 \end{array}$$ ← 26×6

$$\begin{array}{r} 7 \\ 26\,\overline{)\,157} \\ 182 \end{array}$$

몫을 5로 어림하면 나머지가 나누는 수보다 큽니다.

몫을 7로 어림하면 뺄 수 없습니다.

개념 체크하기

❶ 나머지가 나누는 수보다 크면 몫을 더 크 게 합니다.

❷ 나눗셈의 계산 결과가 맞는지 확인하는 방법

➡ 나누는 수와 몫 을 곱한 다음 나 머 지 를 더한 값이 나누어지는 수와 같으면 계산 결과가 맞습니다.

기본 문제

[1~2] ☐ 안에 알맞은 수를 써넣으시오.

1
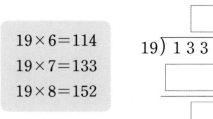

$19 \times 6 = 114$
$19 \times 7 = 133$
$19 \times 8 = 152$

2
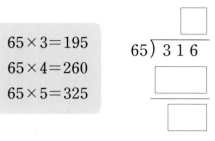

$65 \times 3 = 195$
$65 \times 4 = 260$
$65 \times 5 = 325$

[3~4] ☐ 안에 알맞은 수를 써넣으시오.

3
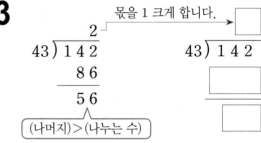

몫을 1 크게 합니다.

(나머지) > (나누는 수)

4
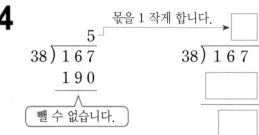

몫을 1 작게 합니다.

뺄 수 없습니다.

[5~6] 계산을 하여 몫과 나머지를 구하고, 계산 결과가 맞는지 확인해 보시오.

5
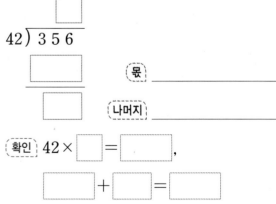

몫 _____
나머지 _____

확인 $42 \times$ ☐ = ☐ ,

☐ + ☐ = ☐

6

몫 _____
나머지 _____

확인 $78 \times$ ☐ = ☐ ,

☐ + ☐ = ☐

계산을 확인하는
과정이 왜 필요할까?

계산 실수나
나눗셈에서 보일 수 있는
오류를 줄일 수 있지요.

3

곱셈과 나눗셈

STEP 2 개념 확인하기

개념4 (두 자리 수)÷(두 자리 수)를 알아볼까요

• 96÷26의 계산

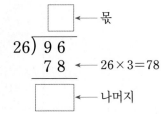

□ ← 몫

26)9 6

7 8 ← 26×3=78

□ ← 나머지

확인 26×3=78, 78+18=96

1 □ 안에 알맞은 수를 써넣으시오.

(1)

30)6 0

(2)

28)8 5

익힘책 유형

2 다음 나눗셈의 나머지가 될 수 없는 수에 ×표 하시오.

□÷12

(10 , 5 , 13 , 9 , 2)

3 나머지가 다른 하나를 찾아 ×표 하시오.

| 89÷37 | 70÷16 | 93÷29 |

4 빵 75개를 25명에게 똑같이 나누어 주려고 합니다. 한 사람에게 줄 수 있는 빵은 몇 개입니까?

( )

개념5 (세 자리 수)÷(몇십)을 알아볼까요

• 336÷40의 계산

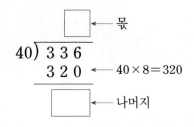

□ ← 몫

40)3 3 6

3 2 0 ← 40×8=320

□ ← 나머지

확인 40×8=320, 320+16=336

교과서 유형

5 주어진 곱셈식을 이용하여 □ 안에 알맞은 수를 써넣으시오.

90×3=270
90×4=360
90×5=450
90×6=540

90)3 8 1

6 나눗셈의 몫을 찾아 선으로 이어 보시오.

| 180÷20 | | 350÷50 |

• •

7 8 9

7 ☐ 안에는 몫을, ○ 안에는 나머지를 써넣으시오.

÷ →

143	20		… ○
308	60		… ○

8 몫이 큰 식의 글자부터 차례로 써서 사자성어를 완성하시오.

독	450÷90	야	420÷70
경	400÷50	주	360÷40

( )

개념6 (세 자리 수)÷(두 자리 수)를 알아볼까요(1)

• 157÷36의 계산

```
        ☐
  36) 1 5 7
      1 4 4   ← 36×4=144
        ☐
```

확인 36×4=144, 144+13=(157)

9 나눗셈의 몫을 구할 수 있는 곱셈식으로 알맞은 것에 ○표 하시오.

```
  38) 2 6 1
```

38×5=190 ( )
38×6=228 ( )
38×7=266 ( )

10 계산을 하여 몫과 나머지를 구하고, 계산 결과가 맞는지 확인해 보시오.

```
  26) 1 9 3
```

몫 _____ 나머지 _____

확인 _____

11 몫이 더 큰 것에 ○표 하시오.

208÷52		276÷79

12 큰 수를 작은 수로 나눈 몫을 구하시오.

62, 372

( )

익힘책 유형

13 다음 눈금실린더에 담긴 물을 41 mL씩 컵에 옮겨 담으려고 합니다. 컵 몇 개까지 옮겨 담을 수 있고 남는 물은 몇 mL인지 차례로 쓰시오.

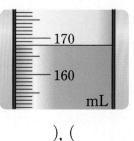

( ), ( )

3

곱셈과 나눗셈

개념 파헤치기

개념 7

(세 자리 수)÷(두 자리 수)를 알아볼까요(2)

개념 동영상

- **544÷34 계산하기**

(1) 몫을 어림하기

34를 30으로 생각하면 30×18의 계산 결과인 540이 544에 가까우므로 몫을 18로 어림할 수 있습니다.

(2) 계산 방법 알아보기

54÷34를 생각하여 몫의 십의 자리 수 구하기

204÷34를 생각하여 몫의 일의 자리 수 구하기

```
        1                          1 6
34) 5 4 4          34) 5 4 4          34) 5 4 4
                     3 4 0 ←34×10       3 4 0
                     2 0 4 ←544−340     2 0 4
                                        2 0 4 ←34×6
                                          0 ←204−204
```

> **54÷34**를 생각하여 **몫의 십의 자리 수**를 구하고, **204÷34**를 생각하여 **몫의 일의 자리 수**를 구합니다.

참고

```
        1 6                    1 6
34) 5 4 4                 34) 5 4 4
    3 4 0  →생략할 수          3 4
    2 0 4     있습니다.         2 0 4
    2 0 4                      2 0 4
      0                          0
```

544÷34=16

확인 34×16=544

→ 나누는 수와 몫을 곱한 값이 나누어지는 수와 같으므로 계산 결과가 맞습니다.

개념 체크하기

✎ 빈칸에 글자나 수를 따라 쓰세요.

616÷28을 계산할 때 [6 1 ÷ 2 8]을 생각하여 몫의 십의 자리 수를 먼저 구하고

남는 수를 다시 28로 나누어 몫의 일의 자리 수를 구합니다.

[1~2] ☐ 안에 알맞은 식의 기호를 써넣으시오.

1

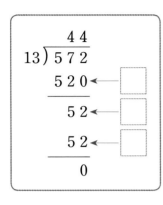

```
      4 4
13 ) 5 7 2
    5 2 0 ← ☐
    ─────
      5 2 ← ☐
    ─────
      5 2 ← ☐
    ─────
        0
```

㉠ 13×40
㉡ 13×4
㉢ 572−520

2

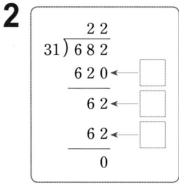

```
      2 2
31 ) 6 8 2
    6 2 0 ← ☐
    ─────
      6 2 ← ☐
    ─────
      6 2 ← ☐
    ─────
        0
```

㉠ 682−620
㉡ 31×20
㉢ 31×2

[3~4] ☐ 안에 알맞은 수를 써넣으시오.

3

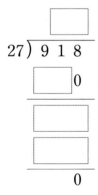

```
       ☐
27 ) 9 1 8
   ☐    0
   ─────
   ☐☐☐
   ─────
   ☐☐☐
   ─────
        0
```

4

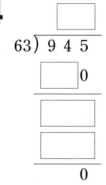

```
       ☐
63 ) 9 4 5
   ☐    0
   ─────
   ☐☐☐
   ─────
   ☐☐☐
   ─────
        0
```

자리를 잘 맞추어 계산하도록 해.

[5~6] 계산을 하고, 계산 결과가 맞는지 확인해 보시오.

5

```
19 ) 6 8 4
```

6

```
48 ) 7 6 8
```

확인 _____

확인 _____

3

곱셈과 나눗셈

개념 8

(세 자리 수)÷(두 자리 수)를 알아볼까요 (3)

개념 동영상

- **319÷27 계산하기**

(1) 몫을 어림하기

319를 300으로, 27을 30으로 생각하면 300÷30이므로 몫을 10으로 어림할 수 있습니다.

(2) 계산 방법 알아보기

> 31÷27을 생각하여 몫의 십의 자리 수 구하기

> 49÷27을 생각하여 몫의 일의 자리 수 구하기

$$27\overline{)319} \quad\rightarrow\quad \begin{array}{r} 1 \\ 27\overline{)319} \\ 270 \leftarrow 27\times10 \\ \hline 49 \leftarrow 319-270 \end{array} \quad\rightarrow\quad \begin{array}{r} 11 \\ 27\overline{)319} \\ 270 \\ \hline 49 \\ 27 \leftarrow 27\times1 \\ \hline 22 \leftarrow 49-27 \end{array}$$

> **31÷27을 생각하여 몫의 십의 자리 수를 구하고, 49÷27을 생각하여 몫의 일의 자리 수를 구합니다.**

참고

$$\begin{array}{r} 11 \\ 27\overline{)319} \\ 270 \\ \hline 49 \\ 27 \\ \hline 22 \end{array} \rightarrow \begin{array}{r} 11 \\ 27\overline{)319} \\ 27 \\ \hline 49 \\ 27 \\ \hline 22 \end{array}$$

270 에서 0 → 생략할 수 있습니다.

> 319÷27=11…22
>
> 확인 27×11=297, 297+22=319
>
> → 나누는 수와 몫의 곱에 나머지를 더한 값이 나누어지는 수와 같으므로 계산 결과가 맞습니다.

개념 체크하기

555÷34를 계산할 때 5 | 5 | ÷ | 3 | 4 를 생각하여 몫의 십의 자리 수를 먼저 구하고

남는 수를 다시 34로 나누어 몫의 일의 자리 수와 나머지를 구합니다.

기본 문제

1 나눗셈의 몫을 어림하려고 합니다. ☐ 안에 알맞은 수를 써넣으시오.

(1)
×	10	20	30
32	320	640	960

$903 \div 32$의 몫은 ☐ 보다 크고 ☐ 보다 작습니다.

(2)
×	10	20	30
18	180	360	540

$240 \div 18$의 몫은 ☐ 보다 크고 ☐ 보다 작습니다.

[2~3] ☐ 안에 알맞은 수를 써넣으시오.

2

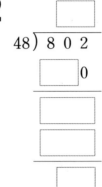

3

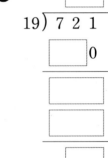

먼저 몫의 십의 자리 수를 어림해 봐.

[4~5] 계산을 하여 몫과 나머지를 구하고, 계산 결과가 맞는지 확인해 보시오.

4 35)616

5 39)963

몫 _____ 나머지 _____

확인 _____

몫 _____ 나머지 _____

확인 _____

3
곱셈과 나눗셈

개념7 (세 자리 수)÷(두 자리 수)를 알아볼까요 (2)

• 899÷31의 계산

```
         □
    31) 8 9 9
        6 2 0   ← 31×20
        2 7 9   ← 899−620
        2 7 9   ← 31×9
            0   ← 279−279
```

확인 $31 \times 29 = 899$

교과서 유형

1 □ 안에 알맞은 수를 써넣으시오.

(1)
```
        □
   42) 6 3 0
       □    0
       □
       □
       □
```

(2)
```
        □
   28) 5 3 2
       □    0
       □
       □
       □
```

[2~3] 빈 곳에 나눗셈의 몫을 써넣으시오.

2
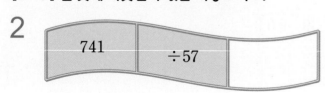
741 | ÷57 |

3
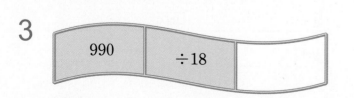
990 | ÷18 |

4 몫의 크기를 비교하여 ◯ 안에 >, =, < 중 알맞은 것을 써넣으시오.

$$666 \div 18 \bigcirc 814 \div 22$$

5 몫이 다른 하나를 찾아 기호를 쓰시오.

㉠ 319÷11   ㉡ 770÷35   ㉢ 696÷24

( )

익힘책 유형

6 자두 810개를 한 상자에 45개씩 담아 포장하였습니다. 자두는 모두 몇 상자입니까?

( )

7 잘못 계산한 곳을 찾아 바르게 고쳐 보시오.

```
        2 9
   23) 2 5 3
        4 6
       2 0 7
       2 0 7
            0
```
→
```
   23) 2 5 3
```

개념8 (세 자리 수)÷(두 자리 수)를 알아볼까요 (3)

• 662÷27의 계산

```
        □
   27) 6 6 2
      5 4 0  ←─ 27×20
      1 2 2  ←─ 662-540
      1 0 8  ←─ 27×4
        1 4  ←─ 122-108
```

확인 27×24=648, 648+14=662

8 630÷25의 몫의 십의 자리 숫자를 어림해 보시오.

×	10	20	30
25	250	500	750

630÷25의 몫의 십의 자리 숫자는 □입니다.

9 계산을 하여 몫과 나머지를 구하시오.

$$31)\overline{9\,8\,7}$$

몫 _____ 나머지 _____

10 몫의 크기를 비교하여 ○ 안에 >, =, < 중 알맞은 것을 써넣으시오.

675÷26 ○ 983÷32

11 몫이 한 자리 수인 나눗셈에 ○표, 몫이 두 자리 수인 나눗셈에 △표 하시오.

194÷16	431÷56	156÷23
825÷44	107÷11	369÷38

12 나머지가 다른 하나를 찾아 ×표 하시오.

632÷24   904÷56   995÷31

13 □ 안에는 몫을, ○ 안에는 나머지를 써넣으시오.

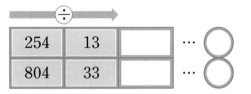

| 254 | 13 | | … ○ |
| 804 | 33 | | … ○ |

14 상자 한 개를 포장하는 데 리본이 65 cm 필요합니다. 길이가 875 cm인 리본으로 상자를 몇 개까지 포장할 수 있고, 남는 리본은 몇 cm인지 차례로 쓰시오.

(   ), (   )

3

곱셈과 나눗셈

3 STEP 단원 마무리 평가

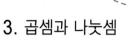

점수

1 ☐ 안에 알맞은 수를 써넣으시오.

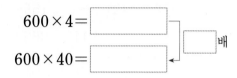

$600 \times 4 =$ ☐
$600 \times 40 =$ ☐ ← ☐ 배

2 나눗셈을 하시오.

(1) $240 \div 60$

(2) $720 \div 90$

3 200×50을 계산하려고 합니다. $2 \times 5 = 10$의 1을 써야 할 자리는 어디입니까? …… (　)

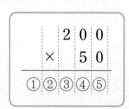

```
      2 0 0
  ×     5 0
  ①②③④⑤
```

4 ☐ 안에 알맞은 수를 써넣으시오.

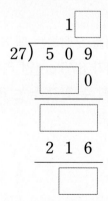

```
          1 ☐
  27) 5 0 9
      ☐   0
      ─────
      ☐
      2 1 6
      ─────
          ☐
```

5 계산을 하시오.

(1)　　 1 5 4
　　 × 　1 6

(2)　　 4 0 8
　　 × 　5 2

6 나눗셈을 바르게 한 사람은 누구입니까?

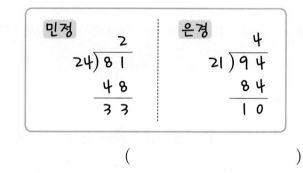

민정	은경
2	4
24) 8 1	21) 9 4
4 8	8 4
3 3	1 0

(　　　　　　)

7 나눗셈을 계산한 결과가 맞는지 확인하려고 합니다. ☐ 안에 알맞은 수를 써넣으시오.

$585 \div 32 = 18 \cdots 9$

확인 $32 \times$ ☐ $=$ ☐ ,

☐ $+$ ☐ $=$ ☐

8 계산을 하여 몫과 나머지를 구하시오.

$$35) \overline{5 2 0}$$

몫 _____　　 나머지 _____

9 잘못 계산한 곳을 찾아 바르게 고쳐 보시오.

$$\begin{array}{r} 4 \\ 30\overline{)152} \\ 120 \\ \hline 32 \end{array}$$ ➡ $$30\overline{)152}$$

10 곱이 54000인 것은 어느 것입니까? (   )

① 600×9 ② 90×60

③ 60×90 ④ 6×900

⑤ 900×60

11 잘못 계산한 식의 기호를 쓰고 계산 결과를 바르게 구하시오.

⊙ $14 \times 400 = 5600$
ⓒ $200 \times 40 = 800$

(   ), (   )

12 나눗셈의 몫을 어림한 것으로 가장 적절한 것에 ○표 하시오.

$$483 \div 60$$

(6 , 7 , 8)

13 빈 곳에 알맞은 수를 써넣으시오.

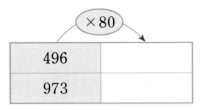

496	
973	

14 몫의 크기를 비교하여 ◯ 안에 >, =, < 중 알맞은 것을 써넣으시오.

$$72\overline{)523}$$ ◯ $$43\overline{)299}$$

15 사과 320개를 한 상자에 25개씩 담으려고 합니다. 몇 상자까지 담을 수 있고, 남는 사과는 몇 개인지 식을 쓰고 답을 구하시오.

식 $320 \div \boxed{} = \boxed{} \cdots \boxed{}$

답 $\boxed{}$ 상자, $\boxed{}$ 개

3

곱셈과 나눗셈

16 가운데 ◇ 안의 수를 바깥 수로 나누어 몫을 큰 원의 빈칸에, 나머지는 ☐ 안에 써넣으시오.

유사문제

11 ⋯

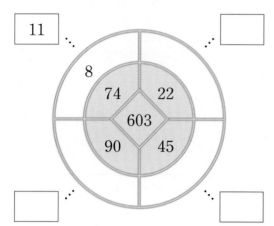

8

74   22

603

90   45

17 몫이 같은 것끼리 선으로 이어 보시오.

133÷33 •   • 455÷39

305÷27 •   • 443÷95

유사문제

18 ☐ 안에 알맞은 수를 써넣으시오.

☐ ×60=30000

19 별이네 학교 학생들이 함께 다음과 같이 하나의 그림을 완성하려고 합니다. 그림이 180장 필요하고 한 줄에 20장씩 놓는다면 모두 몇 줄이 되겠습니까?

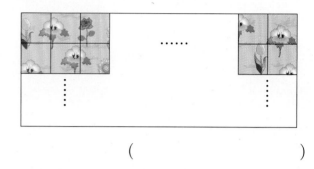

(   )

20 태진이는 667÷29를 다음과 같이 계산하였습니다. 다시 계산하지 않고 몫을 바르게 구하는 방법을 완성하시오.

$$\begin{array}{r} 21 \\ 29{\overline{\smash{\big)}\,667}} \\ \underline{58} \\ 87 \\ \underline{29} \\ 58 \end{array}$$

방법 나머지 58이 ☐ 보다 크므로 ☐ (으)로 더 나눌 수 있습니다.

58÷29=☐ 이므로 667÷29의 몫은

21+☐ =☐ 입니다.

QR 코드를 찍어 게임을 해 보고 이번 단원을 확실히 익혀 보세요!

✿ 정답은 **24**쪽

1 (몇백)×(몇십)은 (몇)×(몇)의 값에 곱하는 두 수의 0의 개수만큼 0을 붙입니다. (○ , ×)

2 (세 자리 수)×(몇십)은 (세 자리 수)×(몇)의 100배입니다. (○ , ×)

$231 \times 2 = \boxed{462}$
$\rightarrow 231 \times 20 = \boxed{4620}$ ⟵ 10배

3 175×24는 175×20과 175×☐을/를 더한 값과 같습니다.

곱하는 두 자리 수를 십의 자리 수와 일의 자리 수로 나누어 곱합니다.

4 $309 \times 12 = \boxed{} + 618 = \boxed{}$

309×10 309×2

5 80÷20은 나누어지는 수와 나누는 수의 0을 지우고 8÷2로 생각하여 계산합니다. (○ , ×)

80÷20의 몫은 8÷2의 몫과 같습니다.

6 나눗셈에서 나머지는 나누는 수보다 커야 합니다. (○ , ×)

7 나눗셈에서 나머지가 나누는 수보다 크면 몫을 더 (크게 , 작게) 예상하여 계산합니다.

8 $555 \div 34 = \boxed{} \cdots 11$

→ 확인 $34 \times \boxed{} = \boxed{}$, $\boxed{} + 11 = \boxed{}$

나누는 수와 몫의 곱에 나머지를 더한 값이 나누어지는 수와 같으면 계산 결과가 맞습니다.

개념 공부를 완성했다!

3

곱셈과 나눗셈

제자리에서 한 바퀴 빙 돌 때 우리는 360° 돌았다고 합니다. 한 바퀴 회전이 360°이기 때문이죠. 한 바퀴를 350°도 아니고 400°도 아니고 왜 360°로 정한 것일까요?
400°로 정했다면 계산이 더 쉬워질 것도 같은데 말이죠. 한 바퀴가 360°가 된 이유를 알아봅시다.

360°의 유래

한 바퀴는 왜 360°일까요? 360°의 유래가 바빌로니아 사람들에 의한 것이라는 설이 있습니다.
지금으로부터 약 4000년 전 지금의 이라크, 시리아, 이스라엘 등의 나라가 자리 잡고 있는 땅에 바빌로니아라고 하는 수준 높은 문명을 이룩한 나라가 있었습니다.
바빌로니아 사람들은 주로 농사를 짓고 살았고 농작물을 경작하기 위해 시간을 측정할 필요가 생겼습니다.
그들은 매일 뜨고 지는 태양의 위치가 하루하루 규칙적으로 변한다는 사실과 대략 360일이 지나서야 처음의 자리로 돌아온다는 것을 깨달았습니다.
그래서 바빌로니아 사람들은 1년을 360일로 나타냈습니다. 이때 달력을 원 모양으로 만들었기 때문에 그때부터 한 바퀴는 360°가 되었습니다.
이후 1년이 360일이 아니라는 것이 밝혀지며 바뀌었지만 한 바퀴는 여전히 360°로 나타내고 있습니다.

🧁 바빌로니아 사람들이 사용한 원 모양의 달력입니다. 달력을 똑같이 12달로 나누어 보세요.

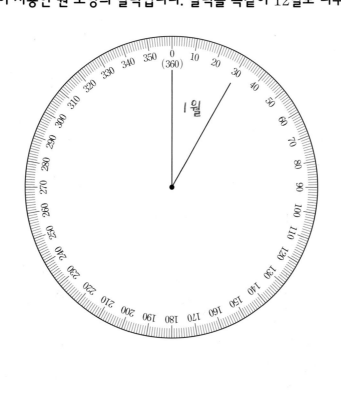

🧁 바빌로니아 사람들이 사용한 원 모양의 달력입니다. 달력을 똑같이 사계절로 나누어 보세요.

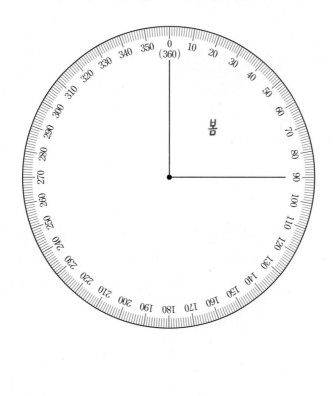

4 평면도형의 이동

제4화 바위 요괴를 무찌르자!

이전에 배운 내용	이번에 배울 내용	앞으로 배울 내용
[3-1 평면도형] • 직각 알아보기 • 직각삼각형, 직사각형, 정사각형 알아보기	• 점의 이동 • 평면도형 밀기, 뒤집기, 돌리기 • 무늬 꾸미기	**[4-2 사각형]** • 사다리꼴, 평행사변형, 마름모 알아보기 **[4-2 다각형]** • 다각형, 정다각형 알아보기

개념 파헤치기

STEP 1

4. 평면도형의 이동

개념 1 점을 이동해 볼까요

• 선을 따라 로봇을 이동하기

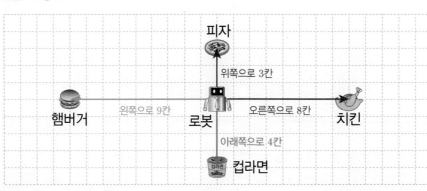

① 로봇이 **위쪽으로 3칸** 이동하면 피자에 도착합니다.

② 로봇이 **아래쪽으로 4칸** 이동하면 컵라면에 도착합니다.

③ 로봇이 **왼쪽으로 9칸** 이동하면 햄버거에 도착합니다.

④ 로봇이 치킨에 도착하려면 **오른쪽으로 8칸** 이동해야 합니다.

선을 따라 로봇을 이동하여 도착하는 위치의 간식을 알아봐.

• 선을 따라 점 ●을 이동하기

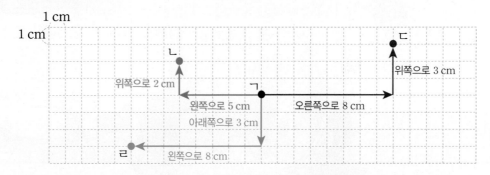

① 점 ㄱ을 **왼쪽으로 5 cm, 위쪽으로 2 cm** 이동하여 도착하는 위치는 점 ㄴ입니다.

② 점 ㄱ을 **오른쪽으로 8 cm, 위쪽으로 3 cm** 이동하여 도착하는 위치는 점 ㄷ입니다.

개념 체크하기

✎ 빈칸에 글자나 수를 따라 쓰세요.

위 **개념 1** 에서 점 ㄱ이 점 ㄹ에 도착하려면

 으로 3 cm, 으로 8 cm 이동해야 합니다.

아래 쪽으로 3 cm, 왼 쪽으로 8 cm 이동해야 합니다.

1 바둑돌을 점 ㄱ, 점 ㄴ, 점 ㄷ의 위치로 각각 이동하려면 어느 쪽으로 이동해야 하는지 알맞은 쪽에 ◯표 하시오.

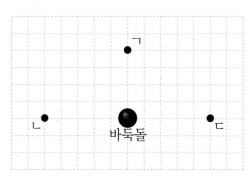

(1) 바둑돌을 점 ㄱ의 위치로 이동하려면
(위쪽 , 아래쪽)으로 이동해야 합니다.

(2) 바둑돌을 점 ㄴ의 위치로 이동하려면
(왼쪽 , 오른쪽)으로 이동해야 합니다.

(3) 바둑돌을 점 ㄷ의 위치로 이동하려면
(왼쪽 , 오른쪽)으로 이동해야 합니다.

2 선을 따라 점(●)을 이동하여 도착하는 위치의 과일을 쓰시오.

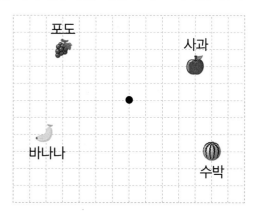

(1) 아래쪽으로 3칸, 오른쪽으로 5칸

➡ ☐

(2) 위쪽으로 2칸, 오른쪽으로 4칸

➡ ☐

(3) 아래쪽으로 2칸, 왼쪽으로 5칸

➡ ☐

[3~4] 그림을 보고 ☐ 안에 알맞은 기호나 수를 써넣으시오.

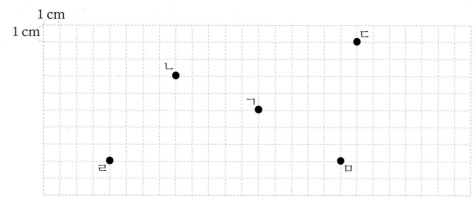

3 점 ㄱ을 오른쪽으로 6 cm, 위쪽으로 4 cm 이동하면 점 ☐ 에 도착합니다.

4 점 ㄱ이 점 ㄹ에 도착하려면 왼쪽으로 ☐ cm, 아래쪽으로 ☐ cm 이동해야 합니다.

 개념 2

평면도형을 밀어 볼까요

 개념 동영상

• 트럭 모양을 여러 방향으로 밀기

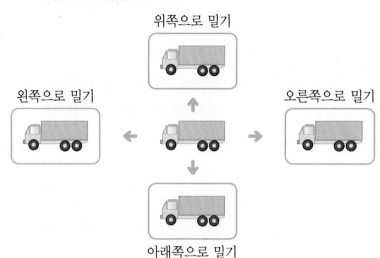

위쪽으로 밀기

왼쪽으로 밀기

오른쪽으로 밀기

아래쪽으로 밀기

① 미는 방향과 상관없이 트럭 **모양은 변하지 않습니다.**

② 미는 방향으로 트럭의 **위치가 변합니다.**

• **도형을 여러 방향으로 밀기**: 한 변을 기준으로 하여 밀면 편리합니다.

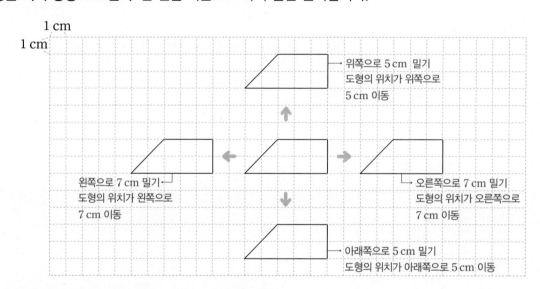

1 cm
1 cm

위쪽으로 5 cm 밀기
도형의 위치가 위쪽으로 5 cm 이동

왼쪽으로 7 cm 밀기
도형의 위치가 왼쪽으로 7 cm 이동

오른쪽으로 7 cm 밀기
도형의 위치가 오른쪽으로 7 cm 이동

아래쪽으로 5 cm 밀기
도형의 위치가 아래쪽으로 5 cm 이동

① 도형을 밀면 도형의 모양은 변하지 않습니다.

② 도형을 밀면 원래 있던 위치에서 민 방향과 길이만큼 도형의 위치가 변합니다.

 개념 체크하기

도형을 밀면 모양은 | 변 | 하 | 지 | | 않 | 고 | 위치만 | 변 | 합 | 니 | 다 |.

1 다음 기타 모양을 주어진 방향으로 밀었을 때의 모양을 찾아 ○표 하시오.

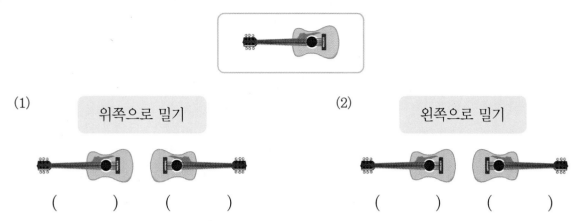

(1) 위쪽으로 밀기

(   )   (   )

(2) 왼쪽으로 밀기

(   )   (   )

2 오른쪽 모양 조각을 왼쪽으로 밀었을 때의 모양을 찾아 기호를 쓰시오.

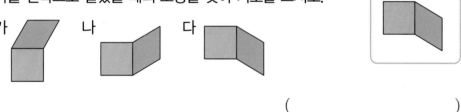

가   나   다

(   )

[3~4] 도형을 주어진 방향과 길이만큼 밀었을 때의 도형을 그려 보시오.

3 왼쪽으로 7 cm 밀기

1 cm
1 cm

4 아래쪽으로 6 cm 밀기

1 cm
1 cm

개념 3 평면도형을 뒤집어 볼까요

개념 동영상

• 오리 모양을 여러 방향으로 뒤집기

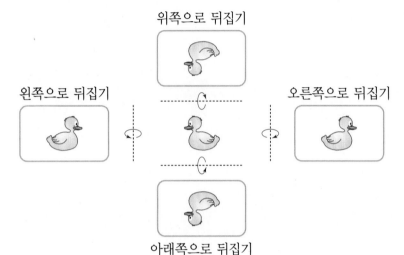

① 뒤집는 방향과 상관없이 오리 **모양은 변하지 않습니다.**

② 위쪽이나 아래쪽으로 뒤집으면 **위쪽과 아래쪽이 서로 바뀝니다.**

③ 왼쪽이나 오른쪽으로 뒤집으면 **왼쪽과 오른쪽이 서로 바뀝니다.**

• 도형을 여러 방향으로 뒤집기: 기준점(★)을 정하고 뒤집었을 때의 기준점 위치를 찾으면 편리합니다.

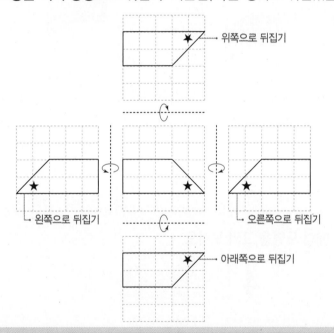

① 위쪽이나 아래쪽으로 뒤집으면 모양은 변하지 않고 도형의 위쪽과 아래쪽이 서로 바뀝니다.

② 왼쪽이나 오른쪽으로 뒤집으면 모양은 변하지 않고 도형의 왼쪽과 오른쪽이 서로 바뀝니다.

개념 체크하기

❶ 도형을 뒤집으면 모양은 | 변 | 하 | 지 | 않 | 습 | 니 | 다 |.

❷ 도형을 뒤집으면 방향은 뒤집는 방향에 따라 | 반 | 대 | 가 | 됩 | 니 | 다 |.

1 다음 코끼리 모양을 주어진 방향으로 뒤집었을 때의 모양을 찾아 ◯표 하시오.

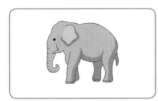

(1) 오른쪽으로 뒤집기

(   )   (   )

(2) 아래쪽으로 뒤집기

(   )   (   )

2 •보기•의 모양 조각을 위쪽으로 뒤집었을 때의 모양을 찾아 기호를 쓰시오.

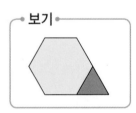

보기

가    나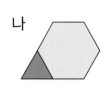

(   )

[3~4] 도형을 주어진 방향으로 뒤집었을 때의 도형을 그려 보시오.

3 오른쪽으로 뒤집기

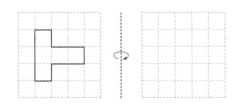

4 아래쪽으로 뒤집기

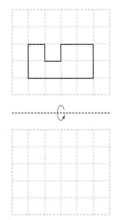

개념1 점을 이동해 볼까요

점 ㄱ이 점 ㄴ에 도착하려면 오른쪽으로 ☐ 칸, 위쪽으로

☐ 칸 이동해야 합니다.

[1~2] 점 ㄱ(●)을 이동하여 도착하는 점이 어디인지 ○표 하시오.

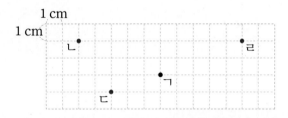

1

오른쪽으로 5 cm, 위쪽으로 2 cm

(점 ㄴ , 점 ㄷ , 점 ㄹ)

2

왼쪽으로 3 cm, 아래쪽으로 1 cm

(점 ㄴ , 점 ㄷ , 점 ㄹ)

교과서 유형

3 점 ㄱ이 점 ㄴ에 도착하려면 어떻게 이동해야 하는지 이동 방법을 완성해 보시오.

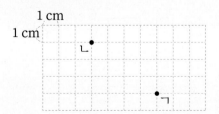

방법 점 ㄱ을 위쪽으로 ☐ cm, ☐ 쪽으로 ☐ cm 이동해야 합니다.

개념2 평면도형을 밀어 볼까요

도형을 밀면 ⟨알맞은 말에 ○표 하기⟩
도형의 모양이 (변합니다 , 변하지 않습니다).

4 알맞은 말에 ○표 하시오.

도형을 밀면
도형의 위치가 (변합니다 , 변하지 않습니다).

5 도형을 오른쪽으로 7 cm 밀었을 때의 도형을 그려 보시오.

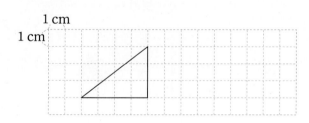

6 도형 ㉮를 도형 ㉯로 이동한 방법을 완성해 보시오.

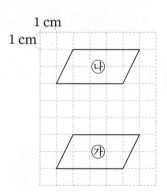

방법 도형 ㉮를 ☐ 쪽으로 ☐ cm 밀면 도형 ㉯가 됩니다.

7 다음 도형 중 밀었을 때 모양이 변하는 도형은 몇
개입니까? ·····················(　　)

① 1개　　　② 2개　　　③ 3개
④ 4개　　　⑤ 없습니다.

익힘책 유 형

8 도형을 오른쪽으로 4 cm, 아래쪽으로 2 cm 밀었
을 때의 도형을 그려 보시오.

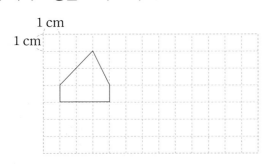

개념**3**　평면도형을 뒤집어 볼까요

• 도형을 왼쪽이나 오른쪽으로 뒤집으면 도형의
　왼쪽과 　　　 쪽이 서로 바뀝니다.
• 도형을 위쪽이나 아래쪽으로 뒤집으면 도형의
　위쪽과 　　　 쪽이 서로 바뀝니다.

9 • 보기 • 의 도형을 위쪽으로 뒤집었을 때의 도형을
찾아 ○표 하시오.

┌ 보기 ┐

(　　)　　(　　)

[10~11] 퍼즐 조각을 어느 쪽으로 뒤집었는지 알맞은
방향에 ○표 하시오.

10

(오른쪽 , 아래쪽)

11

(왼쪽 , 위쪽)

익힘책 유 형

12 주어진 도형을 오른쪽으로 뒤집었을 때의 도형을
그려 보시오.

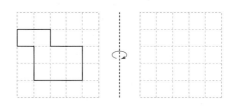

13 도형 뒤집기에 대한 설명이 맞으면 ○표, 틀리면
×표 하시오.

(1) 도형을 아래쪽으로 3번 뒤집으면 처음 도
형과 같아집니다. 　　　　　(　　)

(2) 도형을 위쪽으로 뒤집었을 때의 도형과 아
래쪽으로 뒤집었을 때의 도형이 같습니다.

(　　)

4

평면도형의 이동

개념 4

평면도형을 돌려 볼까요

• 고양이 모양을 여러 방향으로 돌리기

시계 반대 방향으로 90° 돌리기

 90°   90°

시계 방향으로 90° 돌리기

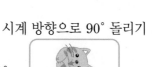

시계 반대 방향으로 180° 돌리기

 180° 180°

시계 방향으로 180° 돌리기

• 도형을 시계 방향으로 돌리기

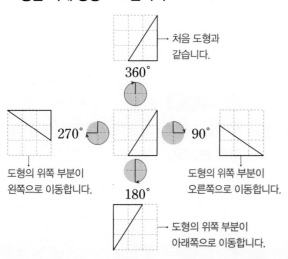

처음 도형과 같습니다.
360°
270°
90°
180°
도형의 위쪽 부분이 왼쪽으로 이동합니다.
도형의 위쪽 부분이 오른쪽으로 이동합니다.
도형의 위쪽 부분이 아래쪽으로 이동합니다.

• 도형을 시계 반대 방향으로 돌리기

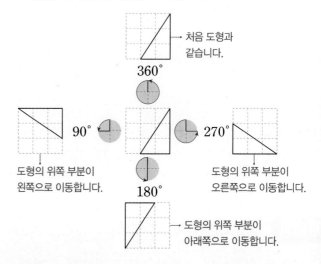

처음 도형과 같습니다.
360°
90°
270°
180°
도형의 위쪽 부분이 왼쪽으로 이동합니다.
도형의 위쪽 부분이 오른쪽으로 이동합니다.
도형의 위쪽 부분이 아래쪽으로 이동합니다.

참고 다음과 같이 시계 방향과 시계 반대 방향으로 돌린 도형은 서로 같습니다.

 =   =   =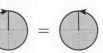

 개념 체크하기

✏ 빈칸에 글자나 수를 따라 쓰세요.

❶ 도형을 돌리면 모양은 │변│하│지│ │않│습│니│다│.

❷ 도형을 돌리면 방향은 돌리는 각도에 따라 │바│뀝│니│다│.

1 다음 고래 모양을 주어진 방향으로 돌렸을 때의 모양을 찾아 ◯표 하시오.

(1) 시계 방향으로 90°만큼 돌리기

(   )   (   )

(2) 시계 반대 방향으로 90°만큼 돌리기

(   )   (   )

2 •보기•의 모양 조각을 시계 방향으로 180°만큼 돌렸을 때의 모양을 찾아 ◯표 하시오.

보기

(   )   (   )   (   )   (   )

3 도형을 보고 ☐ 안에 알맞은 수를 써넣으시오.

돌리기 전   돌린 후

   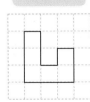

도형을 시계 반대 방향으로 ☐°만큼 돌리기를 하였습니다.

4 주어진 도형을 시계 방향으로 90°만큼 돌렸을 때의 도형을 그려 보시오.

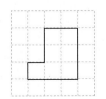   

평면도형의 이동

개념
5

무늬를 꾸며 볼까요

개념 동영상

- 모양으로 밀기를 이용하여 규칙적인 무늬 만들기

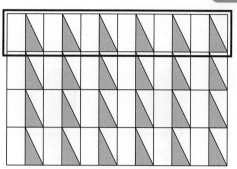

오른쪽으로 밀기를 반복하여
모양 만들기

만든 모양을 **아래쪽으로
밀기를 반복**하여 무늬 만들기

- 모양으로 뒤집기를 이용하여 규칙적인 무늬 만들기

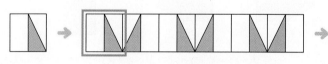
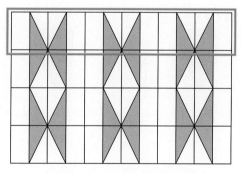

오른쪽으로 뒤집기를 반복하여
모양 만들기

만든 모양을 **아래쪽으로
뒤집기를 반복**하여 무늬 만들기

- 모양으로 돌리기를 이용하여 규칙적인 무늬 만들기

  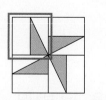
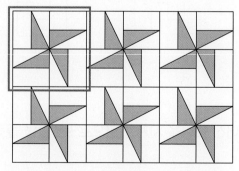

**시계 방향으로 90°만큼
돌리기를 반복**하여
모양 만들기

만든 모양을 **오른쪽과 아래쪽으로
밀기를 반복**하여 무늬 만들기

[1~2] 주어진 모양으로 밀기를 이용하여 규칙적인 무늬를 만들어 보시오.

1

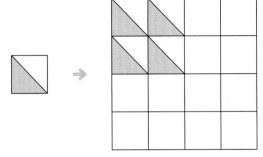

2

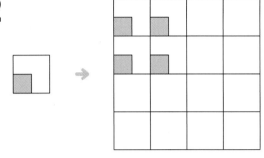

[3~4] 주어진 모양으로 뒤집기를 이용하여 규칙적인 무늬를 만들어 보시오.

3

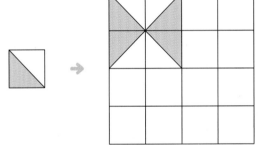

4

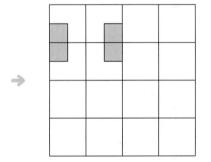

[5~6] 주어진 모양으로 돌리기를 이용하여 규칙적인 무늬를 만들어 보시오.

5

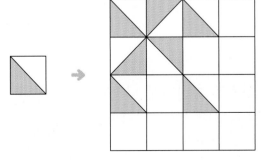

6

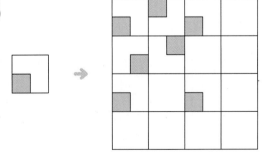

개념4 평면도형을 돌려 볼까요

• 도형을 시계 방향으로 90°만큼 돌리면 위쪽 부분이 ☐ 쪽으로 이동합니다.

• 도형을 시계 반대 방향으로 180°만큼 돌리면 위쪽 부분이 ☐ 쪽으로 이동합니다.

1 •보기•의 모양 조각을 시계 방향으로 180°만큼 돌렸을 때의 모양을 찾아 기호를 쓰시오.

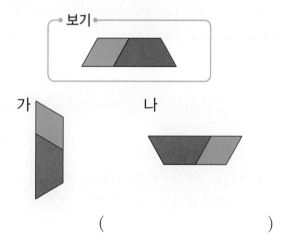

(   )

교과서 유형

2 •보기•의 도형을 시계 반대 방향으로 90°만큼 돌렸을 때의 도형을 찾아 ◯표 하시오.

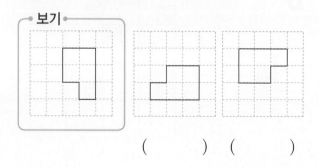

(   ) (   )

3 도형을 시계 방향으로 270°만큼 돌렸을 때의 도형과 항상 같으려면 시계 반대 방향으로 어떻게 돌려야 합니까? ·········· (   )

① ②  ③ ④

4 도형을 보고 다음 문장을 완성하시오.

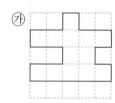   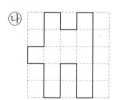

㉮ 도형을 ☐ 방향으로 ☐°만큼 돌리면 ㉯ 도형이 됩니다.

익힘책 유형

5 주어진 도형을 시계 반대 방향으로 180°만큼 돌렸을 때의 도형을 그려 보시오.

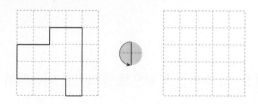

6 오른쪽 계산기에 나타난 수를 시계 방향으로 180° 만큼 돌리면 어떤 수가 됩니까?

(   )

개념5 무늬를 꾸며 볼까요

밀기, 뒤집기, 돌리기의 방법을 이용하여 규칙적인 무늬를 만들 수 있습니다.

7 모양으로 밀기를 이용하여 만든 무늬를 찾아 기호를 쓰시오.

가   나   다

( )

8 오른쪽 무늬를 바르게 설명한 사람의 이름을 쓰시오.

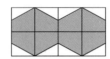

미연: 모양을 밀어서 만든 무늬야.

정호: 모양을 뒤집어서 만든 무늬야.

( )

9 요나가 보는 그림을 찾아 ○표 하시오.

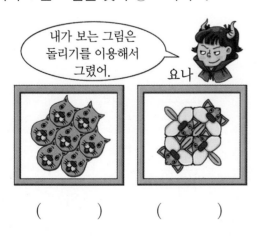

내가 보는 그림은 돌리기를 이용해서 그렸어.

요나

( )   ( )

10 다음은 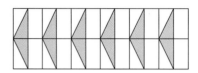 모양으로 규칙적인 무늬를 만든 것입니다. 어떻게 만든 것인지 '밀기', '뒤집기', '돌리기'를 사용하여 설명해 보시오.

 모양을 오른쪽으로 [   ] 를 반복하여 모양을 만든 후, 그 모양을 아래쪽으로 [   ] 를 하여 무늬를 만들었습니다.

익힘책 유 형

[11~12] 모양으로 다음의 방법을 이용하여 규칙적인 무늬를 만들어 보시오.

11 뒤집기

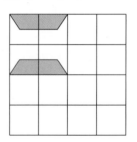

12 돌리기

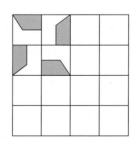

3 STEP 단원 마무리 평가

4. 평면도형의 이동

점수

1 점 ㄱ이 점 ㄴ에 도착하려면 어떻게 이동해야 하는지 이동 방법을 완성해 보시오.

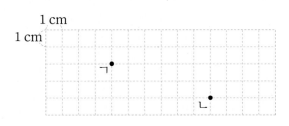

방법 점 ㄱ을 오른쪽으로 ☐ cm,

아래쪽으로 ☐ cm 이동해야 합니다.

2 ☐ 안에 알맞은 말을 ·보기·에서 골라 써넣으시오.

보기
모양   위치

도형을 밀면 ☐ 은/는 변하지 않고

☐ 만 변합니다.

3 오른쪽 모양 조각을 시계 방향으로 90°만큼 돌렸을 때의 모양을 찾아 기호를 쓰시오.

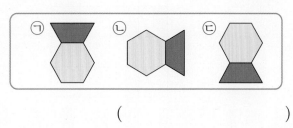

(   )

4 오른쪽 도형을 아래쪽으로 뒤집었을 때의 도형을 찾아 기호를 쓰시오.

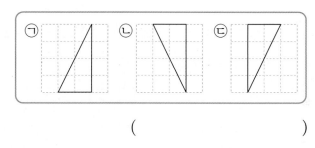

(   )

[5~6] 도형이 이동한 것을 보고 알맞은 것에 ◯표 하시오.

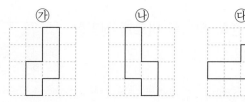

5 ㉮ 도형을 오른쪽으로 (뒤집기 , 밀기)를 하면 ㉯ 도형이 됩니다.

6 ㉯ 도형을 (시계 방향 , 시계 반대 방향)으로 90°만큼 돌리면 ㉰ 도형이 됩니다.

7 도형의 이동 방법을 완성해 보시오.

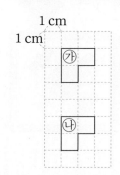

방법 ㉮ 도형은 ㉯ 도형을

☐ 쪽으로

☐ cm만큼 밀어서

이동한 도형입니다.

4

평면도형의 이동

8 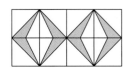 모양으로 뒤집기의 방법을 이용하여 만든 무늬를 찾아 ◯표 하시오.

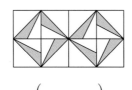

( ) ( )

9 주어진 도형을 오른쪽으로 뒤집었을 때의 도형을 그려 보시오.

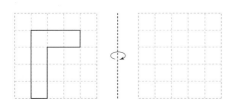

10 밀기에 대한 설명으로 옳은 것의 기호를 쓰시오.

> ㉠ 도형을 오른쪽으로 두 번 밀면 처음 도형과 모양이 다릅니다.
> ㉡ 도형을 위쪽으로 한 번 밀면 도형의 왼쪽과 오른쪽이 서로 바뀝니다.
> ㉢ 도형을 여러 번 밀어도 모양은 그대로입니다.

( )

11 주어진 도형을 시계 반대 방향으로 90°만큼 돌렸을 때의 도형을 그려 보시오.

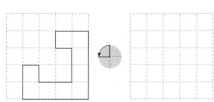

12 오른쪽 도형을 돌린 것입니다. 관계 있는 것끼리 선으로 이어 보시오.

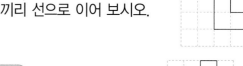

 ·

 ·

·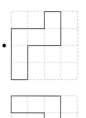

13 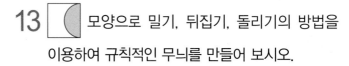 모양으로 밀기, 뒤집기, 돌리기의 방법을 이용하여 규칙적인 무늬를 만들어 보시오.

14 왼쪽 사진을 돌렸더니 오른쪽과 같았습니다. 어떻게 돌렸는지 알맞은 것을 고른 사람은 누구입니까?

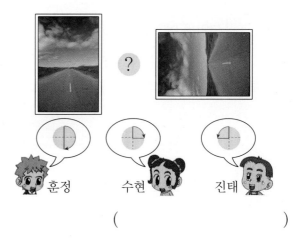

훈정 수현 진태

( )

15 왼쪽 도형을 시계 방향으로 돌렸더니 오른쪽 도형이 되었습니다. **?** 에 알맞은 것을 찾아 ◯표 하시오.

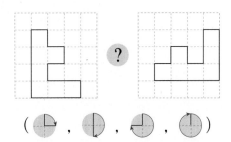

유사문제

16 도형을 아래쪽으로 뒤집고 시계 방향으로 180°만큼 돌렸을 때의 도형을 각각 그려 보시오.

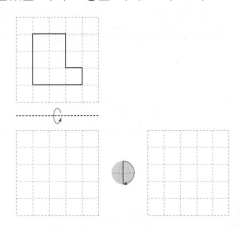

17 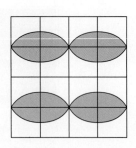 모양을 어떻게 움직여서 무늬를 만들었는지 설명하시오.

방법 _____

18 다음을 보고 모양을 돌린 방법을 2가지 쓰시오.

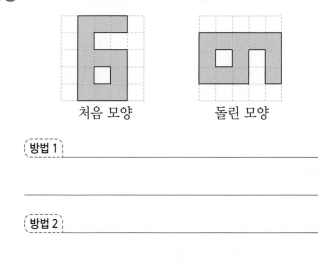

처음 모양　　　　돌린 모양

방법1 _____

_____

방법2 _____

_____

19 아래쪽으로 뒤집어도 처음과 같은 글자는 모두 몇 개입니까?

A B C F G H

유사문제

(　　　　　　　)

20 어떤 도형을 시계 반대 방향으로 90°만큼 돌렸을 때의 도형이 오른쪽과 같습니다. 처음 도형을 그려 보시오.

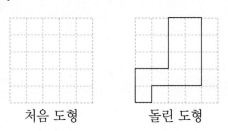

처음 도형　　　　돌린 도형

QR 코드를 찍어 게임을 해 보고 이번 단원을 확실히 익혀 보세요!

✿정답은 **30**쪽

4

1 도형을 어느 방향으로 밀어도 도형의 모양은 변하지 않습니다.

(○ , ×)

생각의 방향

도형을 밀면 위치는 변하지만 모양은 변하지 않습니다.

2 도형을 어느 방향으로 밀어도 도형의 위치는 변하지 않습니다.

(○ , ×)

3 도형을 오른쪽으로 뒤집으면 도형의 위쪽 부분이 오른쪽으로 이동합니다.

(○ , ×)

4 도형을 아래쪽으로 뒤집으면 도형의 위쪽과 아래쪽이 서로 바뀝니다.

(○ , ×)

5 도형을 시계 방향으로 180°만큼 돌리면

도형의 위쪽 부분이 [   ]쪽으로 이동합니다.

6 도형을 시계 방향으로 90°만큼 돌린 도형은

시계 반대 방향으로 [   ]°만큼 돌린 도형과 서로 같습니다.

7

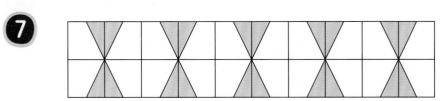

→ [ ] 모양으로 돌리기를 이용하여 규칙적인 무늬를 만들었습니다.

(○ , ×)

밀기, 뒤집기, 돌리기를 이용하여 규칙적인 무늬를 만들 수 있습니다.

 개념 공부를 완성했다!

5 막대그래프

제**5**화 마을 사람들에게 나누어 줄 곡식

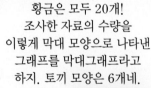

모양별 황금의 수

모양	토끼	돼지	원숭이	합계
황금 수(개)	6	5	9	20

이전에 배운 내용	이번에 **배울 내용**	앞으로 배울 내용
[2-2 표와 그래프] • 표와 그래프로 나타내기 • 표와 그래프의 내용 알아보기 **[3-2 그림그래프]** • 그림그래프 알아보기 • 그림그래프로 나타내기	• 막대그래프 알아보기 • 막대그래프로 나타내기 • 막대그래프로 자료 해석하기 • 자료를 수집하고 분석하기	**[4-2 꺾은선그래프]** • 꺾은선그래프 알아보기 • 꺾은선그래프로 나타내기 • 꺾은선그래프로 자료 해석하기 • 자료를 수집하고 분석하기

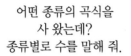

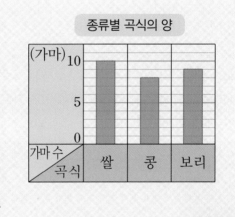

개념 파헤치기

 개념 1

막대그래프를 알아볼까요

좋아하는 색깔별 학생 수

색깔	파랑	노랑	빨강	합계
학생 수(명)	6	5	9	20

좋아하는 색깔을 조사하여 표로 나타냈어.

 개념 동영상

• 막대를 세로로 나타낸 그래프

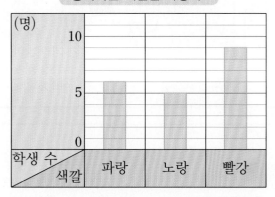

① 가로는 색깔, 세로는 학생 수를 나타냅니다.
② 세로 눈금 한 칸은 1명을 나타냅니다.
③ 표의 학생 수를 그래프에서 막대의 길이로 나타냈습니다.

• 막대를 가로로 나타낸 그래프

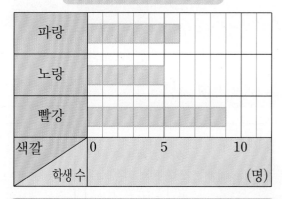

① 가로는 학생 수, 세로는 색깔을 나타냅니다.
② 가로 눈금 한 칸은 1명을 나타냅니다.
③ 그래프에서 막대의 길이는 좋아하는 색깔별 학생 수를 나타냅니다.

위와 같이 조사한 자료의 수량을 막대 모양으로 나타낸 그래프를 막대그래프라고 합니다.

 개념 체크하기

✎ 빈칸에 글자나 수를 따라 쓰세요.

❶ 위의 **표**에서는 좋아하는 색깔별 | 학 | 생 | 수 | 와 | 합 | 계 |를 쉽게 알 수 있습니다.

❷ 위의 **막대그래프**에서는 좋아하는 색깔별 | 학 | 생 | 수 | 를 | 비 | 교 |하기 쉽습니다.

기본 **문제**

[1~2] 현수네 반 학생들이 좋아하는 동물을 조사하여 나타낸 표와 막대그래프입니다. 물음에 답하시오.

좋아하는 동물별 학생 수

동물	개	고양이	원숭이	코끼리	합계
학생 수(명)	11	5	7	3	26

좋아하는 동물별 학생 수

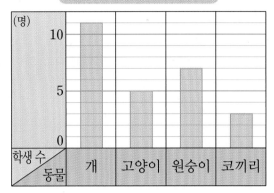

1 그래프의 가로와 세로는 각각 무엇을 나타냅니까?

가로 (   ), 세로 (   )

2 세로 눈금 한 칸은 몇 명을 나타냅니까?

(   )

5

막대그래프

[3~4] 태진이네 반 학생들이 좋아하는 과일을 조사하여 나타낸 표와 막대그래프입니다. 물음에 답하시오.

좋아하는 과일별 학생 수

과일	사과	배	귤	포도	합계
학생 수(명)	8	4	10	6	28

좋아하는 과일별 학생 수

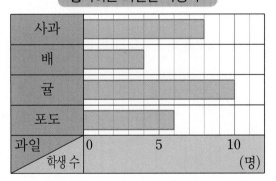

3 그래프의 가로와 세로는 각각 무엇을 나타냅니까?

가로 (   ), 세로 (   )

4 막대의 길이는 무엇을 나타냅니까?

(   )

개념 2 막대그래프로 나타내 볼까요

• 막대그래프로 나타내는 방법

좋아하는 운동별 학생 수

운동	줄넘기	달리기	야구	수영	합계
학생 수 (명)	4	6	8	10	28

↓

알맞은 제목 쓰기

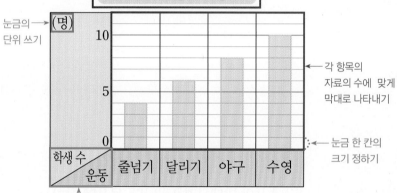

좋아하는 운동별 학생 수

눈금의 → 단위 쓰기

← 각 항목의 자료의 수에 맞게 막대로 나타내기

← 눈금 한 칸의 크기 정하기

가로와 세로에 무엇을 나타낼지 정하기

① 가로와 세로 중 어느 쪽에 조사한 수를 나타낼 것인가를 정합니다.
② 눈금 한 칸의 크기를 정하고, 조사한 수 중 가장 큰 수를 나타낼 수 있도록 눈금의 수를 정합니다.
③ 조사한 수에 맞도록 막대를 그립니다.
④ 막대그래프에 알맞은 제목을 씁니다.

가로에는 운동, 세로에는 학생 수를 나타냈고 세로 눈금 한 칸이 1명을 나타내도록 했어.

• 가로와 세로를 바꾸어 나타내기

좋아하는 운동별 학생 수

가로에는 학생 수, 세로에는 운동을 나타냈어.

• 세로 눈금 한 칸의 크기를 바꾸어 나타내기

세로 눈금 한 칸의 크기를 2명으로 나타냈습니다.

좋아하는 운동별 학생 수

세로 눈금 한 칸을 2명으로 나타내니까 막대의 길이가 짧아졌어.

[1~4] 별이네 모둠 학생들이 한 달 동안 읽은 책 수를 조사하여 나타낸 표를 보고 막대그래프로 나타내려고 합니다. 물음에 답하시오.

별이네 모둠 학생별 한 달 동안 읽은 책 수

이름	별이	연아	보람	슬기	합계
책 수(권)	8	7	10	6	31

1 막대그래프의 가로에 이름을 나타낸다면 세로에는 무엇을 나타내야 합니까?

( )

2 세로 눈금 한 칸이 1권을 나타낼 때 별이가 읽은 책 수는 막대의 길이를 몇 칸으로 그려야 합니까?

( )

3 막대그래프를 완성해 보시오.

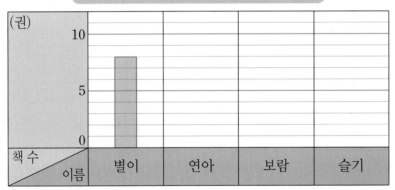

4 위 **3**의 그래프의 가로와 세로를 바꾸어 나타내 보시오.

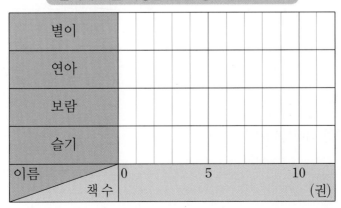

조사한 자료는 같지만 그래프의 형태가 달라.

STEP 2 개념 확인하기

개념 1 막대그래프를 알아볼까요

조사한 자료의 수량을 막대 모양으로 나타낸 그래프를 [   ](이)라고 합니다.

[1~3] 미도네 반 학생들이 좋아하는 꽃을 조사하여 나타낸 막대그래프입니다. 물음에 답하시오.

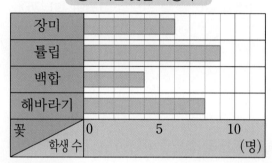

좋아하는 꽃별 학생 수

익힘책 유형

1 가로와 세로는 각각 무엇을 나타내는지 쓰시오.

가로 (   )

세로 (   )

2 그래프에서 막대의 길이는 무엇을 나타냅니까?

(   )

3 가로 눈금 한 칸은 몇 명을 나타냅니까?

(   )

[4~6] 하림이가 옷장에 있는 옷의 색깔을 조사하여 나타낸 표와 막대그래프입니다. 물음에 답하시오.

색깔별 옷 수

색깔	빨강	파랑	노랑	검정	합계
옷 수(벌)	14	10	6	12	42

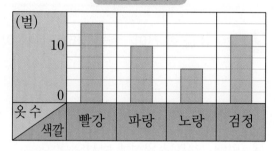

색깔별 옷 수

4 막대그래프에서 가로와 세로는 각각 무엇을 나타내는지 쓰시오.

가로 (   )

세로 (   )

5 막대그래프에서 세로 눈금 한 칸은 몇 벌을 나타냅니까?

(   )

6 표와 막대그래프를 보고 잘못 설명한 것을 찾아 기호를 쓰시오.

> ㉠ 전체 옷 수를 알아보기에는 표보다 막대그래프가 더 편리합니다.
> ㉡ 가장 많은 옷의 색깔을 한눈에 알아보기에는 표보다 막대그래프가 더 편리합니다.

(   )

개념2 막대그래프로 나타내 볼까요

① 가로와 세로에 무엇을 나타낼지 정하기
② 눈금 한 칸의 크기와 눈금의 수 정하기
③ 조사한 수에 맞도록 막대를 그리기
④ 알맞은 제목 쓰기

[7~8] 표를 보고 막대그래프를 완성하시오.

7

좋아하는 음식별 학생 수

음식	햄버거	갈비찜	라면	합계
학생 수(명)	5	8	7	20

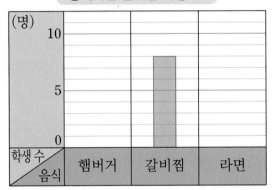

8

좋아하는 운동별 학생 수

운동	배구	농구	야구	축구	합계
학생 수(명)	3	5	7	9	24

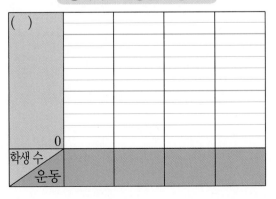

[9~11] 공원에 있는 나무 수를 조사하여 나타낸 표를 보고 막대그래프로 나타내려고 합니다. 물음에 답하시오.

공원에 있는 종류별 나무 수

종류	벚나무	소나무	잣나무	은행나무	합계
나무 수 (그루)	12	10	6	8	36

9 막대그래프의 세로에 나무 종류를 나타낸다면 가로에는 무엇을 나타내야 합니까?

(   )

10 막대를 가로로 나타낸 그래프로 나타내 보시오.

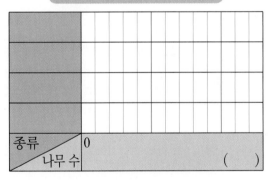

11 막대를 세로로 나타낸 그래프로 나타내 보시오.

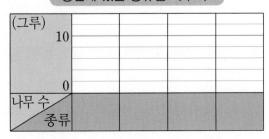

5

막대그래프

막대그래프로 자료를 해석해 볼까요

개념 3

• 막대를 세로로 나타낸 그래프로 자료 해석하기

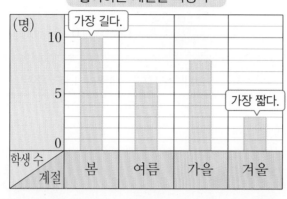

좋아하는 계절별 학생 수

가장 길다.

가장 짧다.

가장 긴 막대 ➡ 가장 많은 수
가장 짧은 막대 ➡ 가장 적은 수

① 막대가 가장 긴 계절이 가장 많은 학생이 좋아하는 계절입니다. ➡ 봄
② 막대가 가장 짧은 계절이 가장 적은 학생이 좋아하는 계절입니다. ➡ 겨울
③ 세로 눈금 한 칸이 1명을 나타내므로 계절별 좋아하는 학생 수를 알아보면 봄 10명, 여름 6명, 가을 8명, 겨울 3명입니다.

• 막대를 가로로 나타낸 그래프로 자료 해석하기

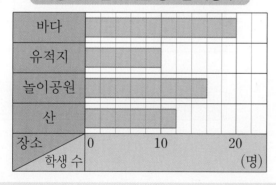

여행 가고 싶어 하는 장소별 학생 수

① 가로 눈금 5칸이 10명을 나타내므로 가로 눈금 한 칸은 2명을 나타냅니다.
  └→ $10 \div 5 = 2$(명)
② 장소별 여행 가고 싶어 하는 학생 수를 알아보면 바다 20명, 유적지 10명, 놀이공원 16명, 산 12명입니다.

개념 체크하기

✎ 빈칸에 글자나 수를 따라 쓰세요.

위의 여행 가고 싶어 하는 장소별 학생 수를 나타낸 막대그래프에서

❶ 가장 많은 학생이 가고 싶어 하는 장소 ➡ 막대가 | 가 | 장 | 긴 | 장소 ➡ 바다

❷ 가장 적은 학생이 가고 싶어 하는 장소 ➡ 막대가 | 가 | 장 | 짧 | 은 | 장소 ➡ 유적지

[1~2] 정제네 반 학생들의 장래 희망을 조사하여 나타낸 막대그래프입니다. □ 안에 알맞은 말을 써넣으시오.

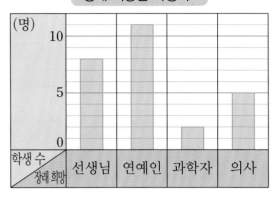

장래 희망별 학생 수

1 가로는 [   ]을/를 나타내고,

세로는 [   ]을/를 나타냅니다.

2 가장 많은 학생의 장래 희망은 [   ]입니다.

[3~7] 지율이네 반 학생들이 좋아하는 과목을 조사하여 나타낸 막대그래프입니다. 물음에 답하시오.

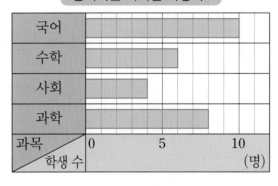

좋아하는 과목별 학생 수

3 가장 많은 학생이 좋아하는 과목은 무엇입니까?

(   )

4 가장 적은 학생이 좋아하는 과목은 무엇입니까?

(   )

5 가로 눈금 한 칸은 몇 명을 나타냅니까?

(   )

6 수학을 좋아하는 학생은 몇 명입니까?

(   )

7 과학을 좋아하는 학생은 몇 명입니까?

(   )

5

막대그래프

 개념 4

자료를 수집하고 분석해 볼까요

• 자료를 수집하여 막대그래프로 나타내기

(1) 주제 정하기

제일 먼저 주제를 정해야 해. 어떤 주제가 좋을까?

환경 살리기

생일 선물

여행 계획

친구들이 여행 가고 싶어 하는 나라를 조사해 보자.

(2) 자료 수집하기

자료 조사 방법: 설문지에 적기, 붙임딱지 붙이기, 직접 손들기 등

조사 질문의 항목이 너무 많으면 결과를 정리하기 어려우므로 3~4개 정도로 정합니다.

여행 가고 싶어 하는 나라별 학생 수

미국	스위스	이탈리아	호주

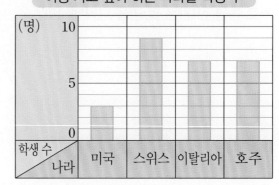

자료를 조사하는 여러 가지 방법 중 붙임딱지 붙이기를 선택했어.

(3) 수집한 자료를 표와 막대그래프로 나타내기

여행 가고 싶어 하는 나라별 학생 수

나라	미국	스위스	이탈리아	호주	합계
학생 수 (명)	3	9	7	7	26

여행 가고 싶어 하는 나라별 학생 수

(4) 막대그래프로 자료 해석하기

① 가장 많은 학생이 가고 싶어 하는 나라는 스위스이고, 가장 적은 학생이 가고 싶어 하는 나라는 미국입니다.

② 스위스를 가고 싶어 하는 학생 수는 미국을 가고 싶어 하는 학생 수의 3배입니다.

③ 이탈리아와 호주를 가고 싶어 하는 학생 수가 같습니다.

└→ $9 \div 3 = 3$(배)

[1~2] 주연이네 학교 학생들이 좋아하는 색깔을 조사하였습니다. 좋아하는 색깔에 붙임딱지를 붙이는 방법으로 조사하였더니 다음과 같았습니다. 물음에 답하시오.

빨강	파랑	노랑	초록

1 조사한 자료를 표와 막대그래프로 나타내 보시오.

좋아하는 색깔별 학생 수

색깔	빨강	파랑	노랑	초록	합계
학생 수(명)					

좋아하는 색깔별 학생 수

2 가장 많은 학생이 좋아하는 색깔은 무엇입니까?

( )

[3~4] 도넛 가게에서 팔고 있는 도넛입니다. 그림을 보고 물음에 답하시오.

3 조사한 자료를 표와 막대그래프로 나타내 보시오.

색깔별 도넛 수

색깔	분홍	노랑	갈색	흰색	합계
도넛 수(개)					

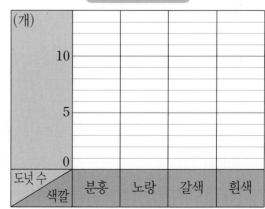

색깔별 도넛 수

4 개수가 같은 도넛의 색깔은 무엇과 무엇입니까?

( )과 ( )

개념3 막대그래프로 자료를 해석해 볼까요

- 막대그래프에서 막대의 길이가 가장 긴 항목의 수량이 가장 (많습니다 , 적습니다).
- 막대그래프에서 막대의 길이가 가장 짧은 항목의 수량이 가장 (많습니다 , 적습니다).

[1~3] 정훈이네 반 학생들이 좋아하는 과목을 조사하여 나타낸 막대그래프입니다. 물음에 답하시오.

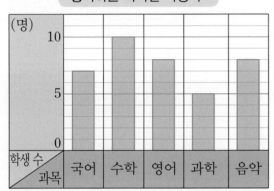

좋아하는 과목별 학생 수

1 음악을 좋아하는 학생은 몇 명입니까?

( )

2 7명이 좋아하는 과목은 무엇입니까?

( )

3 가장 많은 학생이 좋아하는 과목의 학생 수는 몇 명입니까?

( )

[4~7] 아이스크림 가게에서 오늘 팔린 아이스크림을 조사하여 나타낸 막대그래프입니다. 물음에 답하시오.

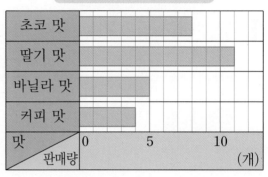

맛별 팔린 아이스크림 수

4 가장 많이 팔린 아이스크림 맛은 무엇입니까?

( )

5 바닐라 맛보다 더 많이 팔린 아이스크림 맛을 모두 쓰시오.

( )

6 초코 맛은 커피 맛보다 몇 개 더 많이 팔렸습니까?

( )

7 아이스크림 가게에서 내일 가장 많이 준비해야 하는 맛은 무엇인지 쓰고, 그 이유를 설명하시오.

맛 _____

이유 _____

_____

개념4 자료를 수집하고 분석해 볼까요

조사 준비 ➡ 자료 수집, 분류

➡ 표와 그래프로 나타내기

[8~10] 훈정이네 반 학생들이 배우고 싶어 하는 악기별로 줄을 섰습니다. 물음에 답하시오.

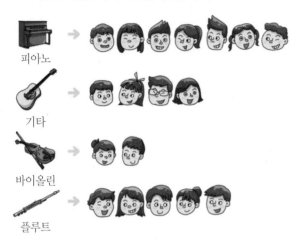

8 조사한 결과를 표로 정리해 보시오.

배우고 싶어 하는 악기별 학생 수

악기	피아노	기타	바이올린	플루트	합계
학생 수(명)					

9 위 8의 표를 보고 막대그래프로 나타내 보시오.

배우고 싶어 하는 악기별 학생 수

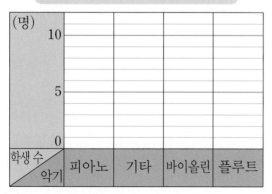

10 악기 체험을 하러 간다면 체험관에서는 어떤 악기를 가장 많이 준비하는 것이 좋을까요?

( )

[11~13] 정휘네 아파트에서 일주일 동안 버려진 쓰레기의 양을 조사한 것입니다. 물음에 답하시오.

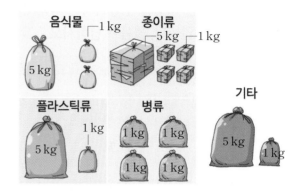

11 조사한 결과를 표로 정리해 보시오.

일주일 동안 버려진 쓰레기의 양

쓰레기	음식물	종이류	플라스틱류	병류	기타	합계
양(kg)						

12 위 11의 표를 보고 막대그래프로 나타내 보시오.

일주일 동안 버려진 쓰레기의 양

음식물					
종이류					
플라스틱류					
병류					
기타					
쓰레기＼양	0		5		10 (kg)

13 위 12에서 나타낸 막대그래프를 보고 알 수 있는 내용을 1가지 쓰시오.

_____

_____

5 막대그래프

[1~4] 하율이네 반 학생들이 좋아하는 색깔에 붙임딱지를 붙인 것입니다. 물음에 답하시오.

빨강	파랑	노랑	초록

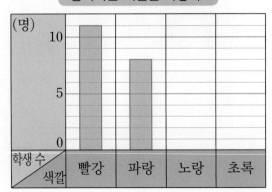

1 조사한 것을 보고 표를 완성하시오.

좋아하는 색깔별 학생 수

색깔	빨강	파랑	노랑	초록	합계
학생 수(명)					

2 위 1의 표를 막대그래프로 나타내려고 합니다. 세로 눈금 한 칸이 1명을 나타낼 때, 빨강을 좋아하는 학생은 몇 칸이 됩니까?

( )

3 위 1의 표를 보고 막대그래프로 나타내 보시오.

좋아하는 색깔별 학생 수

(그래프)

4 막대그래프로 나타냈을 때 표보다 좋은 점을 쓰시오.

_____

_____

[5~8] 수현이네 반 학생들이 존경하는 위인을 조사하여 나타낸 막대그래프입니다. 물음에 답하시오.

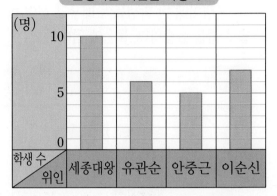

5 위 막대그래프에서 가로와 세로에는 각각 무엇을 나타냈습니까?

가로 ( )

세로 ( )

6 가장 많은 학생이 존경하는 위인은 누구입니까?

( )

7 가장 적은 학생이 존경하는 위인은 누구입니까?

( )

8 위 막대그래프에 대한 설명으로 잘못된 것을 찾아 기호를 쓰시오.

> ㉠ 이순신을 존경하는 학생은 7명입니다.
> ㉡ 세종대왕을 존경하는 학생 수는 유관순을 존경하는 학생 수의 2배입니다.
> ㉢ 안중근을 존경하는 학생 수는 이순신을 존경하는 학생 수보다 2명 더 적습니다.

( )

[9~11] 소담이네 반 학생들이 좋아하는 음악을 조사
하여 나타낸 표를 막대그래프로 나타내려고 합니
다. 물음에 답하시오.

좋아하는 음악별 학생 수

음악	국악	클래식	가요	동요	합계
학생 수(명)	4	6	10	8	28

9 막대를 가로로 나타낸 그래프로 나타내 보시오.

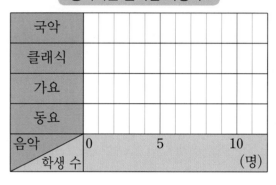

좋아하는 음악별 학생 수

10 세로 눈금 한 칸을 2명으로 나타내 보시오.

좋아하는 음악별 학생 수

11 두 번째로 많은 학생이 좋아하는 음악은 무엇입
니까?

( )

[12~14] 초아네 반 학생들이 관찰하고 있는 퇴적암의
종류를 조사하여 나타낸 표와 막대그래프입
니다. 물음에 답하시오.

관찰하는 퇴적암의 종류별 학생 수

퇴적암	이암	사암	역암	석회암	합계
학생 수(명)	7			4	26

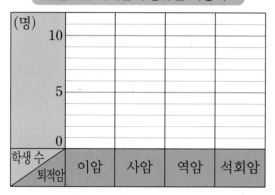

관찰하는 퇴적암의 종류별 학생 수

12 역암을 관찰하는 학생은 사암을 관찰하는 학생의
2배입니다. 표를 완성하시오.

13 표를 보고 막대그래프를 완성하시오.

14 관찰하고 있는 학생이 가장 많은 퇴적암은 무엇
입니까?

( )

5

막대그래프

[15~17] 진태네 반에서 현장 학습으로 가 보고 싶어 하는 장소를 조사하여 나타낸 막대그래프입니다. 물음에 답하시오.

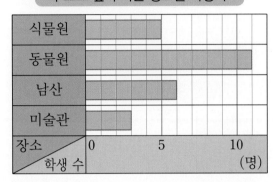

가 보고 싶어 하는 장소별 학생 수

15 가장 적은 학생이 가 보고 싶어 하는 장소는 어디 입니까?

( )

16 남산에 가 보고 싶어 하는 학생 수는 미술관에 가 보고 싶어 하는 학생 수의 몇 배입니까?

( )

17 진태네 반은 현장 학습으로 어디를 가는 것이 좋을지 쓰고, 그 이유를 설명하시오.

장소 _____

이유 _____

_____

[18~20] 솔비네 반 학생들이 여행하고 싶어 하는 도시를 조사하여 나타낸 막대그래프입니다. 물음에 답하시오.

유사문제

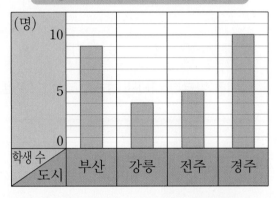

여행하고 싶어 하는 도시별 학생 수

18 부산을 여행하고 싶어 하는 학생은 전주를 여행 하고 싶어 하는 학생보다 몇 명 더 많습니까?

( )

19 여행하고 싶어 하는 학생이 많은 도시부터 차례 로 쓰시오.

( )

20 여행하고 싶어 하는 학생 수가 강릉보다 많고 부산 보다 적은 도시는 어디입니까?

( )

QR 코드를 찍어 게임을 해 보고 이번 단원을 확실히 익혀 보세요!

☆정답은 **35**쪽

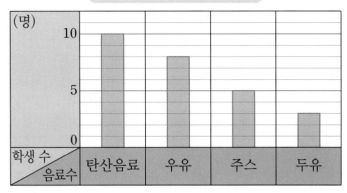

좋아하는 음료수별 학생 수

1 조사한 자료의 수량을 막대 모양으로 나타낸 그래프를

☐ (이)라고 합니다.

2 그래프의 가로는 학생 수를 나타내고 세로는 음료수를 나타냅니다.

(○ , ×)

3 세로 눈금 한 칸은 1명을 나타냅니다.

(○ , ×)

세로 눈금 5칸이 5명을 나타냅니다.

4 가장 많은 학생이 좋아하는 음료수는 ☐ 입니다.

가장 많은 학생이 좋아하는 음료수는 막대의 길이가 가장 긴 것입니다.

5 가장 적은 학생이 좋아하는 음료수는 ☐ 입니다.

가장 적은 학생이 좋아하는 음료수는 막대의 길이가 가장 짧은 것입니다.

6 탄산음료와 우유를 좋아하는 학생 수의 차는 ☐ 명입니다.

7 탄산음료를 좋아하는 학생 수는 주스를 좋아하는 학생 수의 ☐ 배 입니다.

개념 공부를 완성했다!

규칙 찾기

111	211	311	411
121	221	321	421
131	231	331	431
141	241	341	441

이전에 배운 내용	이번에 배울 내용	앞으로 배울 내용
[2-2 규칙 찾기] • 덧셈표에서 규칙 찾기 • 곱셈표에서 규칙 찾기 • 무늬에서 규칙 찾기	• 규칙을 찾아 수와 식으로 나타내기 • 계산식에서 규칙 찾기 • 등호를 사용하여 식으로 나타내기	**[5-1 규칙과 대응]** • 대응 관계를 찾아 식으로 나타내기

덧셈식 찾기(■＋▲＝●)
1＋5＝6
2＋4＝6
3＋3＝6
4＋2＝6
5＋1＝6

개념 1 **규칙을 찾아볼까요**

• **직사각형 모양 수 배열표에서 규칙 찾기**

1100	1200	1300	1400	1500
2100	2200	2300	2400	2500
3100	3200	3300	3400	3500
4100	4200	4300	4400	4500
5100	5200	5300	5400	5500

(1) → 방향에서 규칙 찾기: → 방향으로 100씩 커집니다.

(2) ↓ 방향에서 규칙 찾기: ↓ 방향으로 1000씩 커집니다.

(3) ↘ 방향에서 규칙 찾기: ↘ 방향으로 1100씩 커집니다.

• **벌집 모양 수 배열표에서 규칙 찾기**

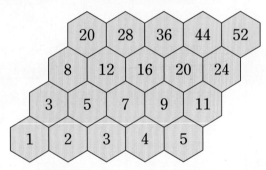

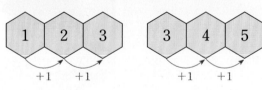

(1) 모양에서 규칙 찾기: 아래에서 첫 번째 줄은 → 방향으로 1씩 커집니다.

(2) 모양에서 규칙 찾기: 아래에 있는 두 수의 합은 위에 있는 수와 같습니다.

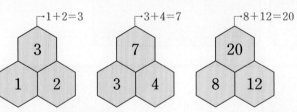

✏ 빈칸에 글자나 수를 따라 쓰세요.

위의 벌집 모양 수 배열표에서 아래에서 두 번째 줄은

→ 방향으로 | 2 |씩 | 커 | 집 | 니 | 다 |.

[1~3] 수 배열표를 보고 물음에 답하시오.

1501	1601	1701	1801	1901
1521	1621	1721	1821	1921
1541	1641	1741	1841	1941
1561	1661	1761	1861	1961
1581	1681	1781	1881	1981

1 → 방향에서 규칙을 찾아 ☐ 안에 알맞은 수를 써넣으시오.

→ 방향으로 ☐ 씩 커집니다.

2 ↓ 방향에서 규칙을 찾아 ☐ 안에 알맞은 수를 써넣으시오.

↓ 방향으로 ☐ 씩 커집니다.

3 색칠된 수를 보고 규칙을 찾아 ☐ 안에 알맞은 수를 써넣으시오.

↘ 방향으로 ☐ 씩 커집니다.

[4~5] 수 배열표를 보고 물음에 답하시오.

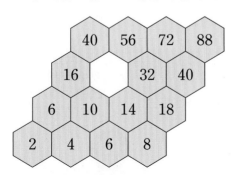

4 규칙을 찾아 ☐ 안에 알맞은 수를 써넣으시오.

아래에서 첫 번째 줄은 → 방향으로 2씩 커지고,

아래에서 두 번째 줄은 → 방향으로 ☐ 씩 커집니다.

5 규칙을 찾아 수 배열표의 빈칸에 알맞은 수를 써넣으시오.

개념 파헤치기

개념 2

규칙을 찾아 수로 나타내 볼까요

개념 동영상

• 사각형의 배열에서 규칙을 찾아 수로 나타내기

(1) 사각형의 수 알아보기

순서	첫째	둘째	셋째	넷째
사각형의 수(개)	3	6	9	12

(2) 규칙 찾기

[규칙] **사각형이 3개씩 늘어나고 있습니다.**

(3) 다섯째의 사각형의 수 구하기

다섯째의 사각형의 수는 넷째보다 3개 더 많은 15개입니다.

다섯째에 알맞은 모양을 그려서 확인해 봐.

• 모형의 배열에서 규칙을 찾아 수로 나타내기

(1) 모형의 수 알아보기

순서	첫째	둘째	셋째	넷째
모형의 수(개)	1	3	5	7

(2) 규칙 찾기

[규칙] **모형이 2개씩 늘어나고 있습니다.**

(3) 다섯째의 모형의 수 구하기

다섯째의 모형의 수는 넷째보다 2개 더 많은 9개입니다.

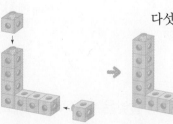

다섯째에 알맞은 모양을 그려서 확인해 봐.

기본 문제

[1~2] 원의 배열을 보고 물음에 답하시오.

첫째   둘째   셋째   넷째

1 원의 수를 세어 빈칸에 써넣고, 원의 배열에는 어떤 규칙이 있는지 ☐ 안에 알맞은 수를 써넣으시오.

순서	첫째	둘째	셋째	넷째
원의 수(개)	2	4		

규칙 원이 ☐ 개씩 늘어나고 있습니다.

2 위 1에서 찾은 규칙으로 다섯째의 원의 수를 구하고, 다섯째에 알맞은 모양을 그려 보시오.

다섯째

다섯째의 원의 수

(   )

[3~4] 쌓기나무의 배열을 보고 물음에 답하시오.

첫째   둘째   셋째   넷째

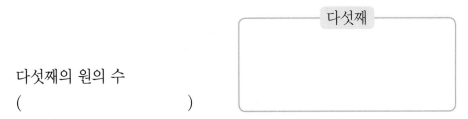

3 쌓기나무의 수를 세어 빈칸에 써넣고, 쌓기나무의 배열에는 어떤 규칙이 있는지 ☐ 안에 알맞은 수를 써넣으시오.

순서	첫째	둘째	셋째	넷째
쌓기나무의 수(개)	1	4		

규칙 쌓기나무가 ☐ 개씩 늘어나고 있습니다.

4 위 3에서 찾은 규칙으로 다섯째의 쌓기나무의 수를 구하고, 다섯째에 알맞은 모양을 찾아 ◯표 하시오.

다섯째

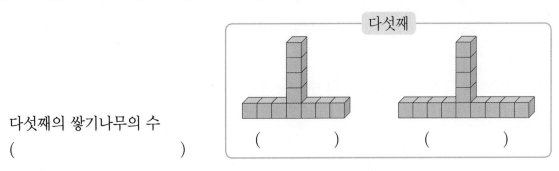

다섯째의 쌓기나무의 수

(   )

(   )   (   )

6

규칙 찾기

STEP 1. 개념 파헤치기

개념 3

규칙을 찾아 식으로 나타내 볼까요

개념 동영상

• 삼각형의 배열에서 규칙을 찾아 식으로 나타내기

 첫째   둘째   셋째   넷째

   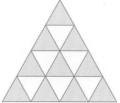

규칙 삼각형이 2개, 3개, 4개, ... 늘어나고 있습니다.

순서	첫째	둘째	셋째	넷째
삼각형의 수(개)	1	3	6	10
식	1	1+2	1+2+3	1+2+3+4

→ 다섯째의 삼각형의 수는 넷째보다 5개 더 많으므로 **1+2+3+4+5=15**(개)입니다.

• 바둑돌의 배열에서 규칙을 찾아 식으로 나타내기

첫째   둘째   셋째   넷째

   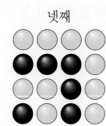

규칙 바둑돌의 수가 3개, 5개, 7개, ... 늘어나고 있습니다.

순서	첫째	둘째	셋째	넷째
바둑돌의 수(개)	1	4	9	16
식	1	1+3	1+3+5	1+3+5+7

→ 다섯째의 바둑돌의 수는 넷째보다 9개 더 많으므로 **1+3+5+7+9=25**(개)입니다.

개념 체크하기

위의 삼각형의 배열에서 **여섯째**의 삼각형의 수를 구하는 식

→ | 1 + | 2 + | 3 + | 4 + | 5 + | 6 |

기본 문제

[1~5] 모형의 배열을 보고 물음에 답하시오.

첫째 　둘째 　셋째 　넷째

1 모형의 수를 세어 빈칸에 써넣으시오.

순서	첫째	둘째	셋째	넷째
모형의 수(개)	1	3		

2 규칙을 찾아 ☐ 안에 알맞은 수를 써넣으시오.

　　　규칙 모형의 수가 2개, 3개, ☐개 늘어나고 있습니다.

3 규칙을 찾아 식으로 나타내시오.

순서	첫째	둘째	셋째	넷째
식	1	1+2		

4 위에서 찾은 규칙으로 다섯째 모양을 만드는 데 필요한 모형의 수는 몇 개입니까?

(　　　　　　　　)

5 다섯째에 알맞은 모양을 찾아 ○표 하시오.

(　　　)　　　(　　　)

6
규칙 찾기

STEP 2 개념 확인하기

개념 1 규칙을 찾아볼까요

111	211	311	411	511
121	221	321	421	521
131	231	331	431	531

규칙 → 방향으로 [　　　] 씩 커집니다.

[1~3] 수 배열표를 보고 물음에 답하시오.

3450	3550	3650	3750	3850
4450	4550	4650	4750	4850
5450	5550	5650	5750	5850
6450	6550	6650	6750	6850
7450	7550	7650	7750	7850

1 □ 안에 알맞은 수를 써넣으시오.

→ 방향으로 [　　　] 씩 커집니다.

2 □ 안에 알맞은 수를 써넣고, 알맞은 말에 ○표 하시오.

↓ 방향으로 [　　　] 씩

(커집니다 , 작아집니다).

3 색칠된 수는 ↘ 방향으로 몇씩 커집니까?

(　　　　　　)씩

[4~6] 수 배열에서 규칙을 찾아 빈칸에 알맞은 수를 써넣으시오.

4

13300	14400	15500	16600	17700
23300	24400	25500	26600	27700
33300	34400	35500	36600	37700
43300	44400		46600	47700
53300	54400			57700

5

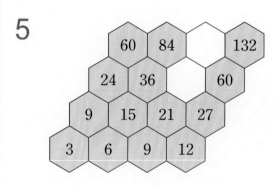

6

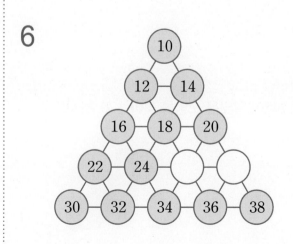

정답은 36쪽

개념2 규칙을 찾아 수로 나타내 볼까요

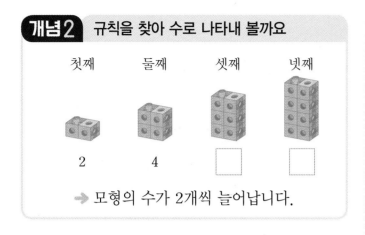

첫째   둘째   셋째   넷째

2   4

➡ 모형의 수가 2개씩 늘어납니다.

7 ☐ 안에 알맞은 수를 써넣으시오.

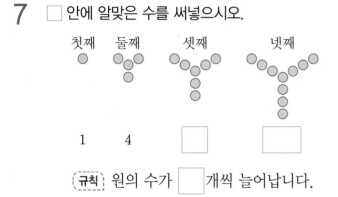

첫째   둘째   셋째   넷째

1   4

규칙 원의 수가 ☐ 개씩 늘어납니다.

[8~9] 수수깡의 배열을 보고 물음에 답하시오.

첫째   둘째   셋째   넷째

8 규칙을 찾아 ☐ 안에 알맞은 수를 써넣으시오.

규칙 수수깡의 수가 ☐ 개씩 늘어납니다.

9 다섯째의 수수깡의 수를 구한 후 모양을 그려 확인해 보시오.

다섯째의 수수깡의 수 (   )

다섯째

개념3 규칙을 찾아 식으로 나타내 볼까요

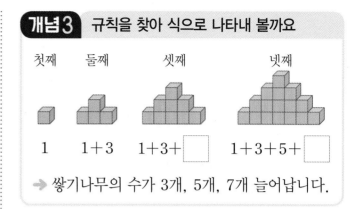

첫째   둘째   셋째   넷째

1   1+3   1+3+☐   1+3+5+☐

➡ 쌓기나무의 수가 3개, 5개, 7개 늘어납니다.

10 바둑돌의 배열에서 규칙을 찾아 빈칸에 알맞은 식을 써넣으시오.

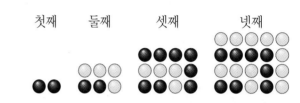

순서	첫째	둘째	셋째	넷째
바둑돌의 수(개)	2	6	12	20
식	2	2+4	2+4+6	

[11~12] 사각형의 배열을 보고 물음에 답하시오.

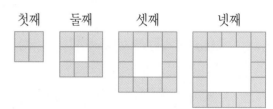

첫째   둘째   셋째   넷째

11 규칙을 찾아 빈칸에 알맞게 써넣으시오.

순서	첫째	둘째	셋째	넷째
사각형의 수(개)	4	8	12	
식	1×4	2×4		

12 찾은 규칙으로 다섯째의 사각형의 수를 구하시오.

(   )

6
규칙 찾기

 개념 4

계산식에서 규칙을 찾아볼까요(1)

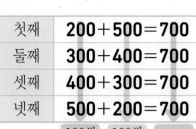 개념 동영상

• 덧셈식의 배열에서 규칙 찾기

첫째	100＋10＝110
둘째	200＋20＝220
셋째	300＋30＝330
넷째	400＋40＝440

100씩 커짐 　10씩 커짐 　110씩 커짐

100씩 커지는 수에 10씩 커지는 수를 더하면 계산 결과는 110씩 커집니다.

다섯째 ➡ **500＋50＝550**

첫째	200＋500＝700
둘째	300＋400＝700
셋째	400＋300＝700
넷째	500＋200＝700

100씩 커짐 　100씩 작아짐 　같음

100씩 커지는 수에 100씩 작아지는 수를 더하면 계산 결과가 같습니다.

다섯째 ➡ **600＋100＝700**

• 뺄셈식의 배열에서 규칙 찾기

첫째	500－100＝400
둘째	600－200＝400
셋째	700－300＝400
넷째	800－400＝400

100씩 커짐 　100씩 커짐 　같음

100씩 커지는 수에서 100씩 커지는 수를 빼면 계산 결과가 같습니다.

다섯째 ➡ **900－500＝400**

첫째	800－500＝300
둘째	800－400＝400
셋째	800－300＝500
넷째	800－200＝600

같음 　100씩 작아짐 　100씩 커짐

같은 수에서 100씩 작아지는 수를 빼면 계산 결과는 100씩 커집니다.

다섯째 ➡ **800－100＝700**

 개념 체크하기

✎ 빈칸에 글자나 수를 따라 쓰세요.

첫째	50＋40＝90
둘째	50＋30＝80
셋째	50＋20＝70
넷째	50＋10＝60

같은 수에 10씩 작아지는 수를 더하면 계산 결과는

1	0	씩	작	아	집	니	다

.

[1~2] 계산식의 배열에서 규칙을 찾아 ☐ 안에 알맞은 수를 써넣으시오.

1

첫째	$120+30=150$
둘째	$120+40=160$
셋째	$120+50=170$
넷째	$120+60=180$

같은 수에 ☐ 씩 커지는 수를 더하면 계산 결과는 ☐ 씩 커집니다.

2

첫째	$600-400=200$
둘째	$500-300=200$
셋째	$400-200=200$
넷째	$300-100=200$

☐ 씩 작아지는 수에서 ☐ 씩 작아지는 수를 빼면 계산 결과가 같습니다.

[3~4] 계산식의 배열에서 규칙을 찾아 ♥와 ◆에 알맞은 수를 구하시오.

3

첫째	$235+255=490$
둘째	$245+245=490$
셋째	$255+235=490$
넷째	$265+♥=490$
다섯째	$275+215=490$

♥ (   )

4

첫째	$680-110=570$
둘째	$680-120=560$
셋째	$680-◆=550$
넷째	$680-140=540$
다섯째	$680-150=530$

◆ (   )

[5~6] 규칙에 따라 다섯째에 알맞은 식을 쓰시오.

5

첫째	$406+203=609$
둘째	$416+213=629$
셋째	$426+223=649$
넷째	$436+233=669$
다섯째	

6

첫째	$798-213=585$
둘째	$788-223=565$
셋째	$778-233=545$
넷째	$768-243=525$
다섯째	

6

규칙 찾기

개념 5

계산식에서 규칙을 찾아볼까요 (2)

개념 동영상

• 곱셈식의 배열에서 규칙 찾기

첫째	200×10	$=2000$
둘째	200×20	$=4000$
셋째	200×30	$=6000$
넷째	200×40	$=8000$

같은 수에 2배, 3배, 4배로 커지는 수를 곱하면 계산 결과는 2배, 3배, 4배로 커집니다.

다섯째 ➡ $200 \times 50 = 10000$

첫째	2×160	$=320$
둘째	4×80	$=320$
셋째	8×40	$=320$
넷째	16×20	$=320$

2배로 커지는 수와 반으로 작아지는 수를 곱하면 계산 결과가 같습니다.

다섯째 ➡ $32 \times 10 = 320$

• 나눗셈식의 배열에서 규칙 찾기

첫째	500	$\div 25 = 20$
둘째	1000	$\div 25 = 40$
셋째	1500	$\div 25 = 60$
넷째	2000	$\div 25 = 80$

2배, 3배, 4배로 커지는 수를 같은 수로 나누면 계산 결과는 2배, 3배, 4배로 커집니다.

다섯째 ➡ $2500 \div 25 = 100$

첫째	$111 \div 3$	$=37$
둘째	$222 \div 6$	$=37$
셋째	$333 \div 9$	$=37$
넷째	$444 \div 12$	$=37$

2배, 3배, 4배로 커지는 수를 2배, 3배, 4배로 커지는 수로 나누면 계산 결과가 같습니다.

다섯째 ➡ $555 \div 15 = 37$

첫째	$10 \times 32 = 320$
둘째	$20 \times 32 = 640$
셋째	$30 \times 32 = 960$
넷째	$40 \times 32 = 1280$

2배, 3배, 4배로 커지는 수에 같은 수를 곱하면 계산 결과는

[2] 배, [3] 배, [4] 배로 커집니다.

[1~2] 계산식의 배열에서 규칙을 찾아 ☐ 안에 알맞은 수를 써넣으시오.

1

첫째	$5 \times 34 = 170$
둘째	$10 \times 34 = 340$
셋째	$15 \times 34 = 510$
넷째	$20 \times 34 = 680$

2배, 3배, 4배로 커지는 수에 같은 수를 곱하면 계산 결과는 2배, ☐배, ☐배로 커집니다.

2

첫째	$200 \div 10 = 20$
둘째	$400 \div 10 = 40$
셋째	$600 \div 10 = 60$
넷째	$800 \div 10 = 80$

2배, 3배, 4배로 커지는 수를 같은 수로 나누면 계산 결과는 2배, ☐배, ☐배로 커집니다.

[3~4] 계산식의 배열에서 규칙을 찾아 ★과 ♣에 알맞은 수를 구하시오.

3

첫째	$3 \times 405 = 1215$
둘째	$9 \times 135 = 1215$
셋째	$27 \times 45 = 1215$
넷째	$81 \times 15 = 1215$
다섯째	$★ \times 5 = 1215$

★ (   )

4

첫째	$330 \div 11 = 30$
둘째	$660 \div 22 = 30$
셋째	$990 \div 33 = 30$
넷째	$1320 \div ♣ = 30$
다섯째	$1650 \div 55 = 30$

♣ (   )

[5~6] 규칙에 따라 다섯째에 알맞은 식을 쓰시오.

5

첫째	$55 \times 1 = 55$
둘째	$55 \times 101 = 5555$
셋째	$55 \times 10101 = 555555$
넷째	$55 \times 1010101 = 55555555$
다섯째	

6

첫째	$111111 \div 3 = 37037$
둘째	$222222 \div 6 = 37037$
셋째	$333333 \div 9 = 37037$
넷째	$444444 \div 12 = 37037$
다섯째	

개념4 계산식에서 규칙을 찾아볼까요 (1)

순서	덧셈식	뺄셈식
첫째	156+ 203 =359	477- 102 =375
둘째	156+ 213 =369	577- 202 =375
셋째	156+ 223 =379	677- ▢ =375
넷째	156+ ▢ =389	777- 402 =375

익힘책 유형

[1~3] 계산식 ㉠, ㉡, ㉢, ㉣을 보고 물음에 답하시오.

㉠
302+105=407
312+115=427
322+125=447
332+135=467

㉡
254+203=457
254+213=467
254+223=477
254+233=487

㉢
689-202=487
679-212=467
669-222=447
659-232=427

㉣
558-111=447
568-121=447
578-131=447
588-141=447

1 다음 설명에 맞는 계산식을 찾아 기호를 쓰시오.

> 10씩 커지는 수에 10씩 커지는 수를 더하면 계산 결과는 20씩 커집니다.

(   )

2 계산식 ㉢에 대한 설명입니다. ▢ 안에 알맞은 수를 써넣으시오.

> 10씩 작아지는 수에서 10씩 커지는 수를 빼면 계산 결과는 ▢ 씩 작아집니다.

3 다음에 올 계산식을 찾아 기호를 쓰시오.

(1) 254+243=497   (   )

(2) 598-151=447   (   )

[4~5] 규칙에 따라 빈칸에 알맞은 식을 쓰시오.

4

첫째	250+250=500
둘째	240+260=500
셋째	230+270=500
넷째	220+280=500
다섯째	

5

첫째	777-111=666
둘째	777-222=555
셋째	777-333=444
넷째	777-444=333
다섯째	

6 계산식의 배열에서 규칙을 찾아 계산 결과가 9000이 되는 계산식을 쓰시오.

첫째	500+800=1300
둘째	600+1800=2400
셋째	700+2800=3500
넷째	800+3800=4600
다섯째	900+4800=5700

계산식 _____

개념 5 · 계산식에서 규칙을 찾아볼까요 (2)

순서	곱셈식	나눗셈식
첫째	10 ×40=400	300÷6= 50
둘째	20 ×40=800	600÷6= 100
셋째	30 ×40=1200	900÷6= 150
넷째	⬇ ×40=1600	1200÷6= ⬇

익힘책 유 형

[7~8] 계산식 ㉠, ㉡, ㉢, ㉣을 보고 물음에 답하시오.

㉠

11×11=121
22×11=242
33×11=363
44×11=484

㉡

10×11=110
20×11=220
30×11=330
40×11=440

㉢

6050÷55=110
4840÷44=110
3630÷33=110
2420÷22=110

㉣

250÷10=25
500÷20=25
750÷30=25
1000÷40=25

7 다음 설명에 맞는 계산식을 찾아 기호를 쓰시오.

> 11부터 44까지의 수 중에서 십의 자리 숫자와 일의 자리 숫자가 같은 수에 11을 곱하면 백의 자리 숫자와 일의 자리 숫자가 같은 세 자리 수가 나옵니다.

( )

8 다음에 올 계산식을 찾아 기호를 쓰시오.

(1) 1250÷50=25 ( )

(2) 1210÷11=110 ( )

[9~11] 규칙에 따라 빈칸에 알맞은 식을 쓰시오.

9

첫째	2×80=160
둘째	4×40=160
셋째	8×20=160
넷째	16×10=160
다섯째	

10

첫째	11111111÷11=1010101
둘째	22222222÷22=1010101
셋째	33333333÷33=1010101
넷째	44444444÷44=1010101
다섯째	

11

첫째	4×108=432
둘째	4×1008=4032
셋째	4×10008=40032
넷째	4×100008=400032
다섯째	

12 위 11의 계산식의 배열에서 규칙을 찾아 계산 결과가 400000032가 되는 계산식을 쓰시오.

계산식 _____

6

규칙 찾기

개념 파헤치기

STEP **1**

6. 규칙 찾기

개념 6

등호를 사용하여 식으로 나타내 볼까요

• 저울의 양쪽 무게가 같도록 모형 놓기

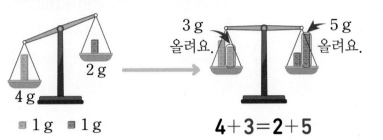

3 g 올려요. 5 g 올려요.

$4+3=2+5$

저울의 양쪽 무게를 같게 하려면 어떻게 해야 할까?

개념 동영상

처음에 쌓기나무가 왼쪽에 2 g 더 많이 올려져 있기 때문에 오른쪽에는 왼쪽보다 2 g을 더 많이 놓아야 합니다. 왼쪽에 3 g, 오른쪽에 5 g을 더 놓으면 한쪽으로 기울어지지 않고 평형이 됩니다.

위와 같이 저울의 양쪽 무게가 같으면 등호(=)를 사용하여 식으로 나타낼 수 있습니다.

1 g 내려요. 1 g 올려요.

$4-1=2+1$

3 g 내려요. 1 g 내려요.

$4-3=2-1$

등호 '='는 왼쪽과 오른쪽의 두 양(값)이 같다는 것을 나타냅니다.

• 등호가 있는 식이 옳은지 알아보기

$$37+23=16+44$$

① 등호를 기준으로 왼쪽과 오른쪽을 계산하기: $37+23=60$, $16+44=60$
② 각각 계산한 결과가 같은지 비교하기: $37+23$과 $16+44$가 모두 60으로 같습니다.
③ 옳은 식인지 판단하기: 왼쪽과 오른쪽의 계산 결과가 같으므로 옳은 식입니다.

개념 체크하기

✏️ 빈칸에 글자나 수를 따라 쓰세요.

$\underline{5+4}=\underline{6+3}$
9　　9

5+4와 6+3의 계산 결과가 같으므로 | 등 | 호 | 를 | | 사 | 용 | 하여

식으로 나타낼 수 있습니다.

148 • 수학 4-1

[1~2] 저울이 어느 한쪽으로 기울어지지 않도록 모형을 올리거나 내렸습니다. ☐ 안에 알맞은 수를 써넣어 저울의 양쪽 무게를 등호를 사용하여 식으로 나타내 보시오.

1

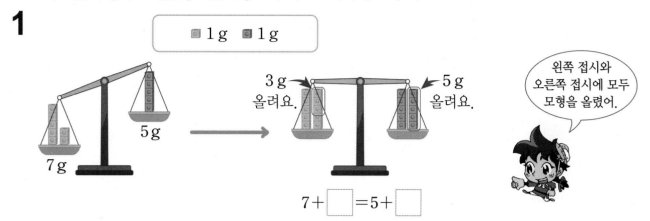

7+☐=5+☐

2

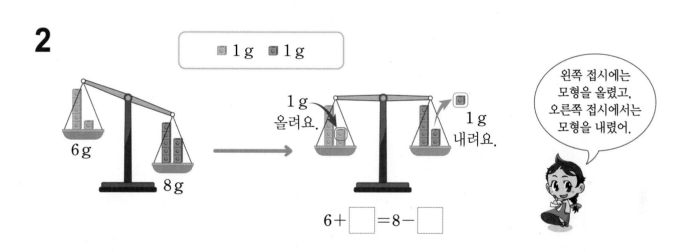

6+☐=8-☐

3 크기를 비교하여 ◯ 안에 >, =, < 중 알맞은 것을 써넣으시오.

(1) 12 ◯ 5+9

(2) 10+6 ◯ 8+8

(3) 43-15 ◯ 15+13

4 등호를 바르게 사용한 식을 찾아 ◯표 하시오.

17+16=16+17

25+4=25-4

(   )

(   )

6

규칙 찾기

개념 7 규칙적인 계산식을 찾아볼까요

개념 동영상

• 계산기의 수 배열에서 규칙적인 계산식 만들기

$7+9=8\times2$
$1+3=2\times2$

양 옆에 있는 두 수의 합은 가운데 수의 2배입니다.

$7+1=4\times2$
$9+3=6\times2$

위아래에 있는 두 수의 합은 가운데 수의 2배입니다.

$4+2=1+5$
$8+6=5+9$

↘ 방향에 있는 두 수의 합과 ↗ 방향에 있는 두 수의 합은 같습니다.

계산기의 수 배열은 → 방향으로 1씩 커지고 ↑ 방향으로 3씩 커져.

• 달력의 수 배열에서 규칙적인 계산식 만들기

일	월	화	수	목	금	토
		1	2	3	4	5
6	7	8	9	10	11	12
13	14	15	16	17	18	19
20	21	22	23	24	25	26
27	28	29	30	31		

일	월	화	수	목	금	토
		1	2	3	4	5
6	7	8	9	10	11	12
13	14	15	16	17	18	19
20	21	22	23	24	25	26
27	28	29	30	31		

달력의 수 배열은 → 방향으로 1씩 커지고 ↓ 방향으로 7씩 커져.

$7+23=15\times2$
$10+26=18\times2$

양 끝에 있는 두 수의 합은 가운데 수의 2배입니다.

$7+21+13+15=14\times4$
$11+25+17+19=18\times4$

가장자리에 있는 네 수의 합은 가운데 수의 4배입니다.

개념 체크하기

일	월	화	수	목	금	토
		1	2	3	4	5
6	7	8	9	10	11	12
13	14	15	16	17	18	19
20	21	22	23	24	25	26
27	28	29	30	31		

 위치의 가장자리에 있는 네 수의 합은

가운데 수의 4배입니다.

→ $8+24+22+10=$

기본 문제

[1~2] 계산기에서 ☐☐☐ 안의 수를 이용하여 규칙적인 계산식을 완성하시오.

1

$4+6=5\times$ ☐

2

$5+3=2+$ ☐

[3~4] 달력에서 색칠한 곳의 수를 이용하여 규칙적인 계산식을 완성하시오.

3

일	월	화	수	목	금	토
		1	2	3	4	5
6	7	8	9	10	11	12
13	14	15	16	17	18	19
20	21	22	23	24	25	26
27	28	29	30	31		

$3+15=9\times$ ☐

$18+30=24\times$ ☐

4

일	월	화	수	목	금	토
		1	2	3	4	5
6	7	8	9	10	11	12
13	14	15	16	17	18	19
20	21	22	23	24	25	26
27	28	29	30	31		

$13+15+7+21=14\times$ ☐

$10+26+24+12=18\times$ ☐

5 책 번호의 배열을 보고 규칙적인 계산식을 완성하시오.

110	120	130	140	150	160
210	220	230	240	250	260
310	320	330	340	350	360

$210+320=310+220$

$230+340=330+240$

$250+360=$ ☐ $+$ ☐

규칙 찾기

6

6. 규칙 찾기

개념6 등호를 사용하여 식으로 나타내 볼까요

등호(=)는 같은 두 양을 나타낼 때 사용합니다.

같다

| 6+8 | ◯ | 10+4 |

└─ 알맞은 기호 써넣기

1 등호를 바르게 사용한 식을 찾아 ◯표 하시오.

| 14=30−16 | (|) |

| 25+12=18+20 | (|) |

2 그림을 보고 저울의 양쪽 무게를 등호를 사용하여 식으로 나타내 보시오.

| ▣ 1 g   ▣ 1 g |

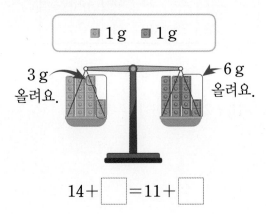

3 g 올려요.   6 g 올려요.

14+□ = 11+□

3 아래 뺄셈식이 옳도록 □ 안에 들어갈 수 있는 것을 • 보기 •에서 골라 써넣으시오.

• 보기 •
15+13, 20−7, 50−26, 19+14

37−13=□

[4~5] 저울 양쪽의 무게가 같도록 □ 안에 알맞은 수를 써넣고, 등호를 사용한 식을 완성하시오.

4 흰 돌: 20개   흰 돌: 24개
검은 돌: □개   검은 돌: 16개

20+□ = 24+16

5 검은 돌: 29개   검은 돌: 34개
덜어 낸 돌: 7개   덜어 낸 돌: □개

29−7=34−□

6 같은 값을 나타내는 두 카드를 찾아 선으로 잇고, 등호를 사용하여 식으로 나타내 보시오.

| 13+12 | • | • | 25−2 |

| 11+10 | • | • | 28−3 |

식 _____

7 □ 안에 알맞은 수를 써넣으시오.

(1) 27+12=16+□

(2) 50−□=60−29

개념7 규칙적인 계산식을 찾아볼까요

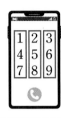

$1+7=4\times2$

$2+8=5\times2$

$3+9=6\times\boxed{}$

[8~9] 승강기 숫자판의 수 배열을 보고 물음에 답하시오.

8 $\boxed{}$ 안의 수를 이용하여 □ 안에 알맞은 수를 써넣으시오.

$7+9=8\times\boxed{}$

$19+21=20\times\boxed{}$

양 옆에 있는 두 수의 합은 가운데 수의 $\boxed{}$ 배입니다.

9 □ 안의 수를 이용하여 □ 안에 알맞은 수를 써넣고 알맞은 말에 ○표 하시오.

$10+5=4+\boxed{}$

$23+18=17+\boxed{}$

↘ 방향에 있는 두 수의 합과 ↗ 방향에 있는 두 수의 합은 (같습니다 , 같지 않습니다).

10 교실의 자리 배치도를 보고 □ 안에 알맞은 수를 써넣으시오.

1	6	11	16	21
2	7	12	17	22
3	☀	13	18	23
4	9	14	19	24
5	10	15	20	25

$3+\boxed{}=☀$, $13-\boxed{}=☀$

$2+\boxed{}=☀$, $14-\boxed{}=☀$

11 어느 아파트의 호수 배치도입니다. •보기•와 같이 배치도에서 ⬛ 위치에 있는 수 5개를 골라 규칙적인 계산식을 만들어 보시오.

아파트 호수 배치도

5층	501	502	503	504
4층	401	402	403	404
3층	301	302	303	304
2층	201	202	203	204
1층	101	102	103	104

┌ 보기 ┐

	502	
401	402	403
	302	

$401+403+502+302$
$=402\times4$

규칙 찾기

6

3 STEP 단원 마무리 평가

6. 규칙 찾기

[1~4] 수 배열표를 보고 물음에 답하시오.

2540	3540	4540	5540	6540
2640	3640	4640	5640	6640
2740	3740	4740	5740	6740
2840	3840	4840	5840	6840
2940	3940	4940	5940	㉠

1 ☐ 안에 알맞은 수를 써넣으시오.

→ 방향으로 [   ]씩 커집니다.

2 ☐ 안에 알맞은 수를 써넣으시오.

↓ 방향으로 [   ]씩 커집니다.

3 색칠된 수는 ↘ 방향으로 몇씩 커집니까?

(   )씩

4 ㉠에 알맞은 수를 구하시오.

(   )

[5~7] 사각형의 배열을 보고 물음에 답하시오.

첫째   둘째   셋째   넷째

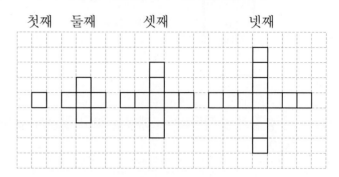

5 규칙을 찾아 ☐ 안에 알맞은 수를 써넣으시오.

첫째	둘째	셋째	넷째
1	5	☐	☐

6 찾은 규칙으로 다섯째의 사각형의 수는 몇 개인지 풀이 과정을 완성하고 답을 구하시오.

[풀이] 사각형의 수가 [   ]개씩 늘어나고 있습니다. 다섯째의 사각형의 수는 넷째의 사각형의 수보다 [   ]개 더 많으므로 [   ]개입니다.

답 _____[   ]개

유사문제

7 다섯째 모양을 그려 보시오.

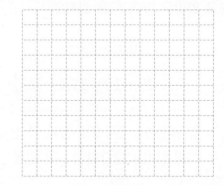

[8~9] 원의 배열을 보고 물음에 답하시오.

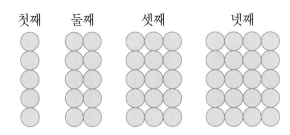

첫째   둘째   셋째   넷째

8 규칙을 찾아 빈칸에 알맞은 식을 써넣으시오.

순서	첫째	둘째	셋째	넷째
식	$5×1$	$5×2$		

9 찾은 규칙으로 다섯째의 원의 수를 구하시오.

(   )

10 계산식의 배열에서 규칙을 찾아 빈 곳에 알맞은 식을 써넣으시오.

(1)
덧셈식
$131+47=178$
$231+147=378$
$331+247=578$
$431+347=778$

(2)
뺄셈식
$896-514=382$
$886-524=362$
$876-534=342$
$856-554=302$

11 등호를 바르게 사용한 식을 찾아 ○표 하시오.

$24+13=22+17$	( )
$46-22=13+11$	( )

[12~13] 덧셈식의 배열을 보고 물음에 답하시오.

첫째	$1+2+1=4$
둘째	$1+2+3+2+1=9$
셋째	$1+2+3+4+3+2+1=16$
넷째	
다섯째	

12 규칙에 따라 넷째에 알맞은 덧셈식을 쓰시오.

13 규칙에 따라 다섯째에 알맞은 덧셈식을 쓰시오.

[14~15] 곱셈식의 배열을 보고 물음에 답하시오.

유사문제

첫째	$1×1=1$
둘째	$11×11=121$
셋째	$111×111=12321$
넷째	
다섯째	

14 규칙에 따라 넷째에 알맞은 곱셈식을 쓰시오.

15 규칙에 따라 다섯째에 알맞은 곱셈식을 쓰시오.

6

규칙 찾기

[16~17] 나눗셈식의 배열을 보고 물음에 답하시오.

첫째	$111111111 \div 9 = 12345679$
둘째	$222222222 \div 18 = 12345679$
셋째	$333333333 \div 27 = 12345679$
넷째	$444444444 \div 36 = 12345679$
다섯째	

16 나눗셈식에는 어떤 규칙이 있는지 알아보려고 합니다. ☐ 안에 알맞은 수를 써넣고, 알맞은 말에 ○표 하시오.

규칙 나누어지는 수와 나누는 수가 모두 2배,

☐ 배, ☐ 배로 커지고 있고 계산 결과는

☐ (으)로 같습니다.

따라서 나누어지는 수와 나누는 수가 모두 2배, 3배, 4배로 커지면 계산 결과가 (같습니다 , 다릅니다).

17 규칙에 따라 다섯째에 알맞은 나눗셈식을 쓰시오.

유사문제

18 ☐ 안에 알맞은 수를 써넣으시오.

(1) $30 + \boxed{} = 40 + 15$

(2) $75 - 20 = 70 - \boxed{}$

19 다음 수 배열을 보고 규칙적인 계산식을 만들려고 합니다. ☐ 안에 알맞은 수를 써넣으시오.

120	140	160	180	200
220	240	260	280	300
320	340	360	380	400
420	440	460	480	500

$220 + 340 = 320 + 240$

$240 + 360 = 340 + 260$

$260 + 380 = \boxed{} + \boxed{}$

20 보관함에 표시된 수의 배열에서 찾은 규칙적인 계산식입니다. ☐ 안에 알맞은 수를 써넣으시오.

640	650	660	670	680	690	700
570	580	590	600	610	620	630
500	510	520	530	540	550	560

$640 + 580 + 520 = 650 + 580 + 510$

$\qquad = \boxed{} + 580 + 500$

$\qquad = 570 + \boxed{} + 590$

$\qquad = \boxed{} \times 3$

QR 코드를 찍어 게임을 해 보고 이번 단원을 확실히 익혀 보세요!

생각의 방향

1

1130	1230	1330	1430	1530
2130	2230	2330	2430	2530
3130	3230	3330	3430	3530
4130	4230	4330	4430	4530
5130	5230	5330	5430	5530

→ 방향으로 ☐ 씩 커지고, ↓ 방향으로 ☐ 씩 커집니다.

어느 자리 수가 커지는지 살펴봅니다.

2

첫째   둘째   셋째   넷째

순서	첫째	둘째	셋째	넷째
쌓기나무의 수(개)	2	4	6	
식	2	2+2	2+2+2	

3

첫째	$9+2=11$
둘째	$99+22=121$
셋째	$999+222=1221$
넷째	$9999+2222=12221$

다섯째에 알맞은 식은 $99999+22222=$ ☐ 입니다.

더해지는 수의 9와 더하는 수의 2가 1개씩 많아지고 있습니다.

4

$$25+11=30+ \boxed{㉠}$$

→ 30은 25보다 5만큼 더 큰 수이므로

㉠에 알맞은 수는 11보다 ☐ 만큼 더 작은 수인 ☐ 입니다.

왼쪽과 오른쪽의 두 값이 같으면 등호 '='로 나타냅니다.

개념 공부를 완성했다!

6

규칙 찾기

피보나치 수열

레오나르도 피보나치는 1170년에 태어난 이탈리아의 수학자로, 피보나치 수에 대한 연구로 유명해진 사람입니다. 어떤 수를 나열할 때 앞의 두 수의 합이 바로 뒤의 수가 되는 규칙을 피보나치(Fibonacci) 수열이라고 합니다. 피보나치 수열은 자연 속에서도 찾아볼 수 있습니다. 한 쌍의 토끼가 계속 새끼를 낳을 경우 불어나는 토끼의 수를 이용하여 피보나치 수열에 대해 알아볼까요?

토끼의 수로 알아보는 피보나치 수열

> "어떤 농부가 방금 태어난 토끼 한 쌍을 가지고 있었어. 이 한 쌍의 토끼는 2개월 후부터 매달 암수 한 쌍의 새 끼를 낳고 절대로 죽지 않는다고 가정하자. 그리고 새로 태어난 토끼도 태어난 지 2개월 후부터는 매달 한 쌍씩 암수 새끼를 낳는다면 5개월 후에는 모두 몇 쌍의 토끼가 있을까?"

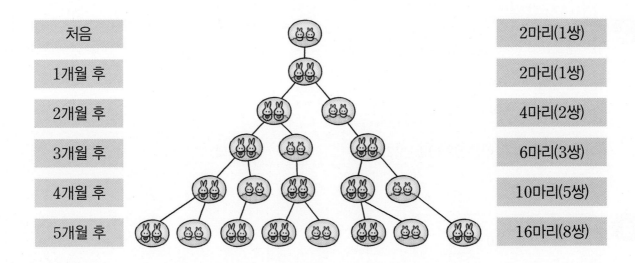

처음		2마리(1쌍)
1개월 후		2마리(1쌍)
2개월 후		4마리(2쌍)
3개월 후		6마리(3쌍)
4개월 후		10마리(5쌍)
5개월 후		16마리(8쌍)

위의 그림처럼 1개월 후에는 한 쌍의 토끼(1쌍), 2개월 후에는 어른이 된 토끼 한 쌍과 새로 태어난 토끼 한 쌍(2쌍), 3개월 후에는 어른 토끼 두 쌍과 새로 태어난 토끼 한 쌍(3쌍)이 됩니다. 이렇게 매달 토끼가 몇 쌍인지 세어 보면 1, 1, 2, 3, 5, 8, ...이 됩니다.
이와 같이 앞의 두 수의 합이 바로 뒤의 수가 되는 수의 배열을 피보나치 수열이라고 합니다.

🧁 오른쪽 앵무조개의 껍질에서도 피보나치 수열을 찾을 수 있습니다.

다음은 앵무조개의 껍질의 단면을 따라 그린 것입니다. 표시한 부분의 길이를 각각 수로 나타내 보고 피보나치 수열을 완성해 보세요.

▲ 앵무조개

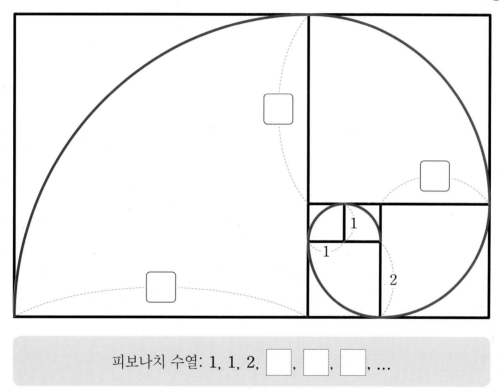

피보나치 수열: 1, 1, 2, □, □, □, ...

🧁 피보나치 수열의 규칙에 따라 표를 완성해 보세요.

순서	첫째	둘째	셋째	넷째	다섯째
식	1	1	1+1	1+2	2+3
수	1	1	2	3	5

순서	여섯째	일곱째	여덟째	아홉째	열째
식	3+5	5+8			
수	8	13			

memo

배움으로 행복한 내일을 꿈꾸는
천재교육 커뮤니티 안내

. . .

 교재 안내부터 구매까지 한 번에!
천재교육 홈페이지

자사가 발행하는 참고서, 교과서에 대한 소개는 물론
도서 구매도 할 수 있습니다. 회원에게 지급되는 별을 모아
다양한 상품 응모에도 도전해 보세요!

 다양한 교육 꿀팁에 깜짝 이벤트는 덤!
천재교육 인스타그램

천재교육의 새롭고 중요한 소식을 가장 먼저 접하고 싶다면?
천재교육 인스타그램 팔로우가 필수!
깜짝 이벤트도 수시로 진행되니 놓치지 마세요!

 수업이 편리해지는
천재교육 ACA 사이트

오직 선생님만을 위한, 천재교육 모든 교재에 대한 정보가 담긴
아카 사이트에서는 다양한 수업자료 및 부가 자료는 물론
시험 출제에 필요한 문제도 다운로드하실 수 있습니다.

https://aca.chunjae.co.kr

 천재교육을 사랑하는 샘들의 모임
천사샘

학원 강사, 공부방 선생님이시라면 누구나 가입할 수 있는 천사샘!
교재 개발 및 평가를 통해 교재 검토진으로 참여할 수 있는 기회는 물론
다양한 교사용 교재 증정 이벤트가 선생님을 기다립니다.

 아이와 함께 성장하는 학부모들의 모임공간
튠맘 학습연구소

튠맘 학습연구소는 초·중등 학부모를 대상으로 다양한 이벤트와 함께
교재 리뷰 및 학습 정보를 제공하는 네이버 카페입니다.
초등학생, 중학생 자녀를 둔 학부모님이라면 튠맘 학습연구소로 오세요!

모든 개념을
다 보는
해결의 법칙

개념 해결의 법칙

꼼꼼
풀이집

수학

4·1

천재교육

꼼꼼 풀이집

개념 해결의 법칙

4-1

1. 큰 수

1 (1) 9000 (2) 10000 또는 1만
2 (1) 10 (2) 1
3 (1) 10000 또는 1만 (2) 10000 또는 1만

개념 체크 문제

1	0	0	0	/	1	0	0

1 (1) 천 모형이 9개이므로 9000을 나타냅니다.
　(2) 천 모형이 10개이므로 10000을 나타냅니다.

2 (1) … ─ 9980 ─ 9990 ─ 10000
　　⇨ 10000은 9990보다 10만큼 더 큰 수입니다.
　(2) … ─ 9998 ─ 9999 ─ 10000
　　⇨ 10000은 9999보다 1만큼 더 큰 수입니다.

3 (1) 1000씩 커지는 규칙입니다.
　　⇨ 9000보다 1000만큼 더 큰 수는 10000입니다.
　(2) 100씩 커지는 규칙입니다.
　　⇨ 9900보다 100만큼 더 큰 수는 10000입니다.

1 (1) 46825 (2) 5, 0, 7
2 (1) 육만 이천팔백오십삼 (2) 구만 사백십칠
3 (1) 78952 (2) 53200
4 30000, 4

개념 체크 문제

이	만	육	천	사	백	팔	십	오

/	2	,	2	0	0	0	0

1 생각 열기 10000이 ■개, 1000이 ▲개, 100이 ●개, 10이 ★개, 1이 ♥개이면 ■▲●★♥입니다.

(1) 10000이 4개이면 40000, 1000이 6개이면 6000, 100이 8개이면 800, 10이 2개이면 20, 1이 5개이면 5이므로 46825입니다.
(2) 53047은 10000이 5개, 1000이 3개, 100이 0개, 10이 4개, 1이 7개입니다.

2 (1) 6 2 8 5 3 ⇨ 육만 이천팔백오십삼
　　만 천 백 십 일
　(2) 9 0 4 1 7 ⇨ 구만 사백십칠
　　만 천 백 십 일

　주의 수를 읽을 때 숫자가 0인 자리는 읽지 않고, 숫자가 1인 자리는 자릿값만 읽습니다.

3 (1) 칠만 팔천구백오십이
　　7　8　9　5　2
　(2) 오만 삼천이백
　　5　3　2　0　0

　주의 수를 쓸 때 읽지 않은 자리에는 0을 씁니다.

4 만의 자리 숫자 3은 30000을, 천의 자리 숫자 5는 5000을, 백의 자리 숫자 8은 800을, 십의 자리 숫자 6은 60을, 일의 자리 숫자 4는 4를 나타냅니다.
　⇨ 35864＝30000＋5000＋800＋60＋4

1 (1) 45|0000, 사십오만 (2) 1000|0000, 천만
2 (1) 86|0000 또는 86만 (2) 2009|0000 또는 2009만
3 (1) 800|0000, 5|0000 (2) 3000|0000, 40|0000

개념 체크 문제

5	0	0	0	0	0	,	5	0	만

오	십	만

1 생각 열기 10000이 ●개이면 ●0000입니다.
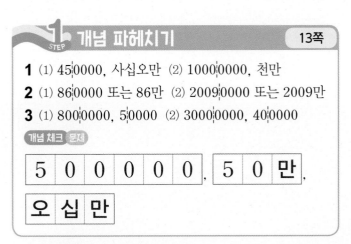
(1)
　10000이 45개 → 450000 또는 45만

　450000 ⇨ 사십오만
　만　　일
(2)
　10000이 1000개 → 10000000 또는 1000만

　10000000 ⇨ 천만
　만　　　일

2 (1) 팔십육만 ⇨ 86만 ⇨ 86|0000
   (2) 이천구만 ⇨ 2009만 ⇨ 2009|0000

3 (1) 68350000 ⇨ 백만의 자리 숫자는 8이고 나타내는
         만   일   값은 800|0000입니다.
               만의 자리 숫자는 5이고 나타내는
               값은 5|0000입니다.
     6835|0000
     =6000|0000+800|0000+30|0000+5|0000
   (2) 36470000 ⇨ 천만의 자리 숫자는 3이고 나타내는
         만   일   값은 3000|0000입니다.
               십만의 자리 숫자는 4이고 나타내는
               값은 40|0000입니다.
     3647|0000
     =3000|0000+600|0000+40|0000+7|0000

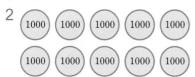 **개념 확인하기**   14~15쪽

개념1 10000
1 1000
2
(1000) (1000) (1000) (1000) (1000)
(1000) (1000) (1000) (1000) (1000)
3 9997, 10000 또는 1만
개념2 6, 60000
4 35792
5 50000 또는 5만, 오만
6 칠만 육천오백삼십
7 40000+8000+200+90+3
8 ③
개념3 천만
9 2356|0000, 이천삼백오십육만
10 600|2000 또는 600만 2000
11

	천만의 자리	십만의 자리
숫자	8	2
나타내는 값	8000|0000	20|0000

12 이백이십일만 천이백구십칠

1 ┃1000┃─┃2000┃─┃3000┃─ ··· ─┃9000┃─┃10000┃

2 10000은 1000이 10개인 수이므로 10개에 색칠합니다.

3 9995부터 1씩 커지는 규칙입니다.
┃9995┃─┃9996┃─┃9997┃─┃9998┃─┃9999┃─┃10000┃

4 생각 열기 10000이 ■개, 1000이 ▲개, 100이 ●개, 10이
★개, 1이 ♥개이면 ■▲●★♥입니다.

5 10000이 5개이므로 50000 또는 5만이라 쓰고 오만
이라고 읽습니다.

6 생각 열기 수를 읽을 때 숫자가 0인 자리는 읽지 않습니다.
7 6 5 3 0 ⇨ 칠만 육천오백삼십
만 천 백 십 일

7 각 자리의 숫자가 나타내는 값의 합으로 나타냅니다.

8 만의 자리 숫자를 알아보면 다음과 같습니다.
① 17258 → 1   ② 36291 → 3   ③ 25187 → 2
④ 42695 → 4   ⑤ 63725 → 6
⇨ 만의 자리 숫자가 2인 수는 ③ 25187입니다.

9 2 3 5 6 0 0 0 0 ⇨ 이천삼백오십육만
천 백 십 만 천 백 십 일
주의 숫자가 0인 천, 백, 십, 일의 자리는 읽지 않습니다.

10 육백만 이천 ⇨ 600만 2000 ⇨ 600|2000

11 8127|0000
⇨ 천만의 자리 숫자는 8이고 8000|0000을 나타냅니다.
   십만의 자리 숫자는 2이고 20|0000을 나타냅니다.

12 생각 열기 수 읽기
① 일의 자리부터 왼쪽으로 네 자리씩 끊습니다.
② 높은 자리부터 숫자와 자릿값을 함께 읽습니다.
  (단, 일의 자리는 숫자만 읽습니다.)
파리의 인구: 221|1297
           ⇨ 221만 1297
           ⇨ 이백이십일만 천이백구십칠

꼼꼼 풀이집

1 STEP 개념 파헤치기 ... 17쪽

1 1000|0000 또는 1000만

2 (1) 팔억 (2) 삼십구억

3 (1) 206|0000|0000 또는 206억
　(2) 40|8000|0000 또는 40억 8000만

4 (1) 억, 8|0000|0000 (2) 백억, 700|0000|0000

개념 체크 문제

| 2 | 4 | 9 | 3 | 0 | 0 | 0 | 0 | 0 | 0 | 0 | 0 | 0 | 0 | , |

| 2 | 4 | 9 | 3 | 억 |

1 … ─ 7000만 ─ 8000만 ─ 9000만 ─ 1억
　　　　　　　　　　　　　└ 1000만큼 더 큰 수

2 (1) 8|0000|0000 ⇨ 8억 ⇨ 팔억
　　　　억　만　일
　(2) 39|0000|0000 ⇨ 39억 ⇨ 삼십구억
　　　　억　만　일

3 생각 열기 수를 쓸 때 읽지 않은 자리에는 0을 씁니다.
　(1) 이백육억 ⇨ 206억 ⇨ 206|0000|0000
　(2) 사십억 팔천만 ⇨ 40억 8000만 ⇨ 40|8000|0000

4 (1) ┌ 억의 자리, 8|0000|0000을 나타냅니다.
　　　1408|2973|0560
　　　 억　만　일
　(2) 720|0000|0000
　　　 억　만　일
　　　└ 백억의 자리, 700|0000|0000을 나타냅니다.

1 STEP 개념 파헤치기 ... 19쪽

1 (1) 사십조 (2) 칠백육조 이천억

2 (1) 2|5400|0000|0000 또는 2조 5400억
　(2) 5030|0000|0800|0000 또는 5030조 800만

3 4

4 (1) 72|0306|0000|0000 또는 72조 306억
　(2) 806|0000|7153|0000 또는 806조 7153만

개념 체크 문제

| 5 | 3 | 7 | 1 | 0 | 0 | 0 | 0 | 0 | 0 | 0 | 0 | 0 | 0 | 0 | 0 | , |

| 5 | 3 | 7 | 1 | 조 |

---

1 생각 열기 일의 자리부터 왼쪽으로 네 자리씩 끊은 후 높은 자리부터 차례로 읽습니다.
　(1) 40000000000000 ⇨ 40조 ⇨ 사십조
　　　조　억　만　일
　(2) 706200000000000 ⇨ 706조 2000억
　　　조　억　만　일
　　　　　　　　　　⇨ 칠백육조 이천억

2 (1) 이조 오천사백억 ⇨ 2조 5400억
　　　　　　　　　　⇨ 2540000000000
　　　　　　　　　　　조　억　만　일
　(2) 오천삼십조 팔백만 ⇨ 5030조 800만
　　　　　　　　　　⇨ 5030000008000000
　　　　　　　　　　　 조　억　만　일

3 3408190256700000
　　 ↑조　억　만　일
　　 └── 백조의 자리

4 (1) 조가 72개, 억이 306개인 수
　　　⇨ 72조 306억 ⇨ 720306000000000
　　　　　　　　　　　　 조　억　만　일
　(2) 조가 806개, 만이 7153개인 수
　　　⇨ 806조 7153만
　　　⇨ 8060000071530000
　　　　 조　억　만　일

2 STEP 개념 확인하기 ... 20~21쪽

개념4 52억, 오십이억

1 1|0000|0000 또는 1억

2 ×

3 73|0000|0000 또는 73억

4 7

5 60|0000|0000

6 백칠십삼억 오천이백만

7 600|0000|0000, 5|0000|0000

개념5 350조, 삼백오십조

8 1|0000|0000|0000 또는 1조

9 2743|0000|0000|0000, 이천칠백사십삼조

10 60|0000|0400|0000 또는 60조 400만

11 ㉡

12 9502조 476억 3000,
　구천오백이조 사백칠십육억 삼천

13 ㉡

---

4 • 수학 4-1

1 1000만이 10개인 수는 1|0000|0000 또는 1억입니다.

2 1억은 9999만보다 1만만큼 더 큰 수입니다.

주의 자릿값을 빠뜨려서 틀리는 경우가 종종 있으므로 주의합니다.

➡ 9999만보다 1만큼 더 큰 수는
9999만 1(또는 9999|0001)입니다.

3 1억이 73개인 수 ➡ 73억 ➡ 73|0000|0000

4 5273|1689|0000
　　　억　　　만　　　일
　　　└십억의 자리

5 1564|7832|9000　➡ 6은 십억의 자리 숫자이므로
　　　억　　　만　　　일　　60|0000|0000을 나타냅니다.
　　└십억의 자리

6 1735|2000|0000　➡ 173억 5200만
　　　억　　　만　　　일　➡ 백칠십삼억 오천이백만

7 2685|7000|0000

➡ 천억의 자리 숫자 2는 2000|0000|0000을,
백억의 자리 숫자 6은 600|0000|0000을,
십억의 자리 숫자 8은 80|0000|0000을,
억의 자리 숫자 5는 5|0000|0000을,
천만의 자리 숫자 7은 7000|0000을 나타냅니다.

8 1000억이 10개인 수는 1|0000|0000|0000 또는 1조입니다.

9 2 7 4 3 0 0 0 0 0 0 0 0 0 0 0 0
천 백 십 조 천 백 십 억 천 백 십 만 천 백 십 일
➡ 이천칠백사십삼조라고 읽습니다.

10 육십조 사백만 ➡ 60조 400만
　　　　　　　　➡ 60|0000|0400|0000

11 백조의 자리 숫자를 알아보면 다음과 같습니다.
㉠ 973|2546|0000|0000 ➡ 9
㉡ 8765|2439|0000|0000 ➡ 7
㉢ 7213|4685|0000|0000 ➡ 2

12 9502|0476|0000|3000
　　　조　　억　　만　　일
➡ 9502조 476억 3000
➡ 구천오백이조 사백칠십육억 삼천

13 3000000000000(30조)
　　조　억　만　일
➡ 십조의 자리 숫자 3이 나타내는 값이므로 십조의 자리 숫자를 찾으면 ㉡입니다.

참고　　　조　　　억　　　만　　　일
3 1 3 3 7 3 5 3 0 0 0 0 0 0 0 0
㉠　㉡　㉢　㉣　㉤

㉠ 천조의 자리, 3000|0000|0000|0000를 나타냅니다.
㉡ 십조의 자리, 30|0000|0000|0000를 나타냅니다.
㉢ 조의 자리, 3|0000|0000|0000를 나타냅니다.
㉣ 백억의 자리, 300|0000|0000을 나타냅니다.
㉤ 억의 자리, 3|0000|0000을 나타냅니다.

개념 파헤치기　　　　**23**쪽

1 26만, 27만
2 6023억, 8023억
3 1667조, 1767조
4 10|0000씩
5 1조씩

개념 체크 문제

| 1 | , | 1 | 0 | 0 | 만 |

1 생각 열기 1만씩 뛰어 세면 만의 자리 숫자가 1씩 커집니다.
23만─24만─25만─26만─27만

2 생각 열기 1000억씩 뛰어 세면 천억의 자리 숫자가 1씩 커집니다.
4023억─5023억─6023억─7023억─8023억

3 생각 열기 100조씩 뛰어 세면 백조의 자리 숫자가 1씩 커집니다.
1567조─1667조─1767조─1867조─1967조

4 508200─608200─708200─808200─908200
십만의 자리 숫자가 1씩 커지므로 100000씩 뛰어 세었습니다.

5 68조─69조─70조─71조─72조
➡ 조의 자리 숫자가 1씩 커지므로 1조씩 뛰어 세었습니다.

1 STEP 개념 파헤치기　25쪽

1　(1) <　(2) >
2　(1) (위부터) < ; 7, 8　(2) (위부터) > ; 13, 9
3　(1) (　　) (○)　(2) (　　) (○)

개념 체크 문제

$\boxed{7}$, $\boxed{6}$ / $\boxed{큼}$

1　생각 열기 자리 수가 더 많은 쪽이 더 큽니다.
　(1) 3|8640 < 20|5638
　　　(5자리 수)　　(6자리 수)
　(2) 123|0584 > 32|7895
　　　(7자리 수)　　(6자리 수)

2　(1) 437|2589 < 4215|0000
　　　(7자리 수)　　(8자리 수)
　(2) 6조 → 6|0000|0000|0000
　　　9억 → 9|0000|0000
　　⇨ 6|0000|0000|0000 > 9|0000|0000
　　　　(13자리 수)　　　　(9자리 수)

3　(1) 4|1236 < 25|0000
　　　(5자리 수)　(6자리 수)
　(2) 9300억 → 9300|0000|0000
　　　2조 1000억 → 2|1000|0000|0000
　　⇨ 9300|0000|0000 < 2|1000|0000|0000
　　　　(12자리 수)　　　　(13자리 수)

1 STEP 개념 파헤치기　27쪽

1　(1) <　(2) >
2　(1) >, >　(2) <, <
3　(1) (○)　(　　)　(2) (○)　(　　)
4　(1) (　　) (△)　(2) (　　) (△)

1　생각 열기 큰 수의 크기를 비교할 때 자리 수가 같으면 가장 높은 자리의 수부터 차례로 비교합니다.
　(1) 3641|0000 < 4138|0000
　　　　　─ 3<4 ─
　(2) 8|7352|0000 > 8|6975|0000
　　　　　　　─ 7>6 ─

2　생각 열기 자리 수가 같은 두 수의 크기는 높은 자리 수가 더 큰 쪽이 더 큽니다.
　(1) 천만의 자리 수가 같으므로 백만의 자리 수를 비교하면 5>4입니다.
　　⇨ 3517|9800 > 3495|8312
　(2) 천만, 백만, 십만의 자리 수가 각각 같으므로 만의 자리 수를 비교하면 7<8입니다.
　　⇨ 8057|1200 < 8058|0000

3　(1) 486|5230 > 395|6740
　　　　　─ 4>3 ─
　(2) 52억 2만 > 52억
　　　　　　─ 2>0 ─

4　생각 열기 자리 수가 같은 두 수의 크기는 높은 자리 수가 더 작은 쪽이 더 작습니다.
　(1) 90|0000 > 89|0000
　　　　─ 9>8 ─
　(2) 2조 3600억 > 2조 1800억
　　　　　　─ 3>1 ─

2 STEP 개념 확인하기　28~29쪽

개념6 50000, 100만
1　3805억, 3905억　　　2　10억씩
3　388만　　　　　　　4　8500만, 9500만
5　ⓒ　　　　　　　　　6　90000 km

개념7, 8 많은, 큰
7　(1) >　(2) <　　　　8　은서
9　<　　　　　　　　　10　서울 월드컵 경기장
11　㉠　　　　　　　　　12　8, 9

1　100억씩 뛰어 세면 백억의 자리 숫자가 1씩 커집니다.
　3705억─3805억─3905억─4005억─4105억

2　5648억─5658억─5668억─5678억
　⇨ 십억의 자리 숫자가 1씩 커지므로 10억씩 뛰어 세었습니다.

3　10만씩 뛰어 세면 십만의 자리 숫자가 1씩 커집니다.
　358만─368만─378만─388만

4 6500만─7500만
⇨ 천만의 자리 숫자가 1 커지므로 1000만씩 뛰어 세었습니다.
따라서 7500만 다음에는 8500만, 9500만 순으로 씁니다.
참고 9500만에서 1000만 뛰어 센 수는 1억 500만입니다.

5 ㉠ 316500─326500─336500─346500
⇨ 1만씩 뛰어 세었습니다.
㉡ 1263만─1273만─1283만─1293만
⇨ 10만씩 뛰어 세었습니다.
㉢ 1억 5만─1억 6만─1억 7만─1억 8만
⇨ 1만씩 뛰어 세었습니다.
따라서 뛰어 세기를 한 규칙이 나머지와 다른 하나는 ㉡입니다.

6 생각 열기 20000씩 뛰어 세면 만의 자리 숫자가 2씩 커집니다.
30000─50000─70000─90000
(2024년) (2025년) (2026년) (2027년)

7 생각 열기 수의 크기를 비교하는 방법
① 자리 수를 비교합니다.
② 자리 수가 다르면 자리 수가 더 많은 쪽이 더 큽니다.
③ 자리 수가 같으면 가장 높은 자리의 수부터 차례로 비교하여 수가 더 큰 쪽이 더 큽니다.
(1) 자리 수를 비교합니다.
287 6541 > 98 7509
(7자리 수)   (6자리 수)
(2) 자리 수가 같으므로 가장 높은 자리의 수부터 차례로 비교합니다.
163000 < 180000
└─ 6<8 ─┘

8 은서: 구십오억 ⇨ 95 0000 0000(10자리 수)
지환: 팔백만 ⇨ 800 0000(7자리 수)
⇨ 구십오억 > 팔백만

9 58 7200 < 59 8300
└─ 8<9 ─┘

10 66704 > 49084 > 40903
└─ 6>4 ─┘└─ 9>0 ─┘
따라서 전체 관람석이 가장 많은 경기장은 서울 월드컵 경기장입니다.

11 ㉠ 430 0509 0000 0000(15자리 수)
㉡ 403 7230 0000 0000(15자리 수)
⇨ 백조의 자리 수가 4로 같으므로 십조의 자리 수를 비교하면 3>0입니다. 따라서 ㉠>㉡입니다.

12 생각 열기 자리 수가 같은 두 수의 크기를 비교합니다.
417853 < 41□092
└─ 41=41 ─┘
⇨ 백의 자리 수가 8>0이므로 □ 안에는 7보다 큰 8, 9가 들어갈 수 있습니다.

③ STEP 단원 마무리 평가   30~32쪽

1 1000, 100, 10, 1
2 (1) 칠만 (2) 팔십이억
3 69만, 79만
4 (1) < (2) <
5 (순서대로) 100억, 1000억, 1조
6 (1) 2 5000 0000 또는 2억 5000만
(2) 43 0060 0000 0000 또는 43조 60억
7 100 0000+7 0000+2000+500+80+6
8 5
9
10 9 4600 0000 0000 또는 9조 4600억
11 20억씩
12 백억, 1, 1575억, 1675억, 1775억, 1775억 ; 1775억
13 ㉠, ㉢, ㉡
14 ③
15 휴대 전화, 에어컨, 냉장고
16 예 5조씩 뛰어 세었습니다. ; 20조, 30조
17 (△)( )
18 26장
19 87 3210
20 1000배

1 생각 열기 10000이 10개인 수는 10000입니다.
9000보다 1000만큼 더 큰 수 ─┐
9900보다 100만큼 더 큰 수 ─┤
9990보다 10만큼 더 큰 수 ─┼⇨ 10000(1만)
9999보다 1만큼 더 큰 수 ─┘

2 (1) 70000 ⇨ 7만 ⇨ 칠만
　　 만　 일
(2) 8200000000 ⇨ 82억 ⇨ 팔십이억
　　 억　 만　일

3 10만씩 뛰어 세면 십만의 자리 숫자가 1씩 커집니다.
⇨ 49만─59만─69만─79만─89만

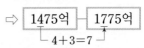

4 (1) 3|0278 < 14|5312
　　　(5자리 수)　　(6자리 수)

　　(2) 69|1500 < 72|0000
　　　　　└─ 6<7 ─┘

5 10배를 하면 수의 오른쪽에 0이 1개씩 늘어납니다.

6 (1) 이억 오천만 ⇨ 2억 5000만 ⇨ 2|5000|0000
　　(2) 사십삼조 육십억 ⇨ 43조 60억
　　　　　　　　⇨ 43|0060|0000|0000

7 각 자리의 숫자가 나타내는 값의 합으로 나타냅니다.
　　107|2586=100|0000+7|0000+2000+500+80+6

8 392458367105000
　　　조　억　만　일
　　　　└── 백억의 자리

9 10000이 10개인 수는 10만(십만)입니다.
　　10000이 100개인 수는 100만(백만)입니다.
　　10000이 1000개인 수는 1000만(천만)입니다.

10 구조 사천육백억 ⇨ 9조 4600억
　　　　　　　⇨ 9|4600|0000|0000

11 6283억－6303억－6323억－6343억－6363억
　　⇨ 십억의 자리 숫자가 2씩 커지므로 20억씩 뛰어 세
　　　었습니다.

12 100억씩 뛰어 세면 백억의 자리 숫자가 1씩 커집니다.

| 1475억 | － | 1575억 | － | 1675억 | － | 1775억 |

　[서술형 가이드] 100억씩 뛰어 세는 규칙을 알고 3번 뛰어
　센 수를 바르게 구했는지 확인합니다.

채점기준	□ 안에 알맞은 수를 쓰고 답을 바르게 구했음.	상
	□ 안에 알맞은 수를 일부만 썼음.	중
	□ 안에 알맞은 수를 쓰지 못함.	하

　[참고] 100억씩 3번 뛰어 세면 백억의 자리 숫자가 3 커집
　니다.
　⇨ | 1475억 | | 1775억 |
　　　　└─ 4+3=7 ─┘

13 ㉠, ㉡ 6자리 수, ㉢ 5자리 수이므로 ㉢이 가장 작습
　니다.
　　19|5430>18|9000이므로 ㉠>㉡입니다.
　　　└─ 9>8 ─┘
　⇨ 큰 수부터 차례로 쓰면 ㉠, ㉡, ㉢입니다.

14 숫자 3이 나타내는 값을 알아보면 다음과 같습니다.
　　① 3억　② 3000만　③ 30억　④ 300만　⑤ 3조

15 78만<135만<210만이므로 가격이 싼 물건부터 차
　례로 쓰면 휴대 전화, 에어컨, 냉장고입니다.

16 2번 뛰어 세어 10조가 커졌으므로 5조씩 뛰어 센 것입
　니다.
　[서술형 가이드] 뛰어 세기를 한 규칙을 쓰고 빈칸에 알맞은
　수를 써넣었는지 확인합니다.

채점기준	뛰어 세기를 한 규칙을 쓰고 바르게 뛰어 셈.	상
	뛰어 세기를 한 규칙을 바르게 썼으나 잘못 뛰어 셈.	중
	뛰어 세기를 한 규칙을 모름.	하

17 • 십이억 오천육백만 사십
　　　⇨ 12억 5600만 40 ⇨ 12|5600|0040(10자리 수)
　　• 억이 13개, 만이 46개인 수
　　　⇨ 13억 46만 ⇨ 13|0046|0000(10자리 수)
　　12|5600|0040<13|0046|0000
　　　　└── 2<3 ──┘

18 10000원짜리 25장 → 25|0000원 ┐
　　1000원짜리 17장 →　1|7000원 ┘ 26|7000원
　⇨ 10000원짜리 지폐로 26장까지 바꿀 수 있습니다.

19 높은 자리부터 큰 수를 차례로 쓰면 873210입니다.
　[참고] ㉠>㉡>㉢>㉣>㉤>㉥
　⇨ 가장 큰 수: ㉠㉡㉢㉣㉤㉥

20 ㉠은 억의 자리 숫자이므로 2억을 나타내고
　㉡은 십만의 자리 숫자이므로 20만을 나타냅니다.
　⇨ 2억은 20만의 1000배이므로 ㉠이 나타내는 값은
　　㉡이 나타내는 값의 1000배입니다.

마무리 개념완성 　　　　33쪽

❶ 10000, 만　　　　❷ 23578
❸ ×　　　　　　　　❹ 80000, 50
❺ ○
❻ 1|0000|0000|0000 또는 1조
❼ 3억 4675만　　　❽ <

2. 각도

STEP 1 개념 파헤치기 37쪽

1 (1) (○) (　) (2) (　) (○)

2 (1) 나 (2) 가　　　　**3** 가

4 나

1 더 많이 벌어진 부채의 각의 크기가 더 큽니다.

2 생각 열기 두 변이 적게 벌어질수록 각의 크기가 작습니다.
(1) 나가 가보다 두 변이 더 적게 벌어져 있으므로 크기가 더 작은 각은 나입니다.
(2) 가가 나보다 두 변이 더 적게 벌어져 있으므로 크기가 더 작은 각은 가입니다.

3 두 각을 겹쳐 보면 가가 더 큽니다.

4 생각 열기 부챗살이 더 많이 들어간 각의 크기가 더 큽니다.
부챗살이 가에는 6개, 나에는 7개 들어가므로 나가 더 큽니다.

STEP 1 개념 파헤치기 39쪽

1 (　) (○) (2) (　) (○)

2 30°　　　　　　　**3** 80°

4 75°　　　　　　　**5** 50°

개념 체크 문제

꼭 짓 점 , 변

1 생각 열기 각도기를 이용하여 각도를 잴 때 각도기의 중심을 각의 꼭짓점에, 각도기의 밑금을 각의 한 변에 맞춰야 합니다.
(1) 왼쪽 그림은 각도기의 중심을 각의 꼭짓점에 맞추지 않았습니다.
(2) 왼쪽 그림은 각도기의 중심을 각의 꼭짓점에 맞추지 않았고, 각도기의 밑금을 각의 한 변에 맞추지 않았습니다.

참고

각도기의 중심　　　각도기의 밑금

2 생각 열기 각도기를 이용하여 각도 재기
① 각도기의 중심을 각의 꼭짓점에 맞춥니다.
② 각도기의 밑금을 각의 한 변에 맞춥니다.
③ 각의 나머지 한 변과 만나는 각도기의 눈금을 확인합니다.
각의 한 변이 안쪽 눈금 0에 맞춰져 있으므로 나머지 한 변과 만나는 각도기의 안쪽 눈금을 읽습니다.
⇨ 30°

주의 한 변이 안쪽 눈금 0에 맞춰져 있는데 나머지 한 변의 눈금을 바깥쪽에서 찾아 읽으면 안 됩니다.

3 각의 한 변이 안쪽 눈금 0에 맞춰져 있으므로 나머지 한 변과 만나는 각도기의 안쪽 눈금을 읽습니다.
⇨ 80°

4 각의 한 변이 바깥쪽 눈금 0에 맞춰져 있으므로 나머지 한 변과 만나는 각도기의 바깥쪽 눈금을 읽습니다.
⇨ 75°

5 각의 한 변이 바깥쪽 눈금 0에 맞춰져 있으므로 나머지 한 변과 만나는 각도기의 바깥쪽 눈금을 읽습니다.
⇨ 50°

STEP 2 개념 확인하기 40~41쪽

개념 1 변

1 나　　　　　　　　2 1

3 나　　　　　　　　4 다

5 나 ; 예 두 변이 가장 많이 벌어져 있기 때문입니다.

6 2　　　　　　　　7 3

개념 2 (왼쪽부터) 밑금, 중심

8 120°　　　　　　　9 110°

10 55°　　　　　　　11 160°

12 115°

13

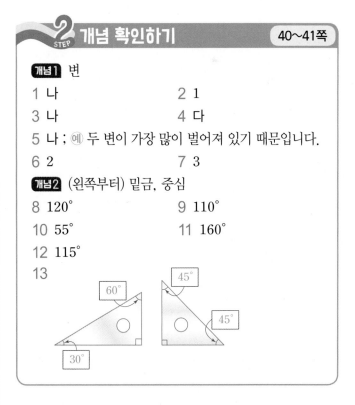

1 더 많이 벌어진 나의 크기가 더 큽니다.

2 부챗살이 가에는 5개, 나에는 6개 들어가므로 가가 나보다 부챗살 1개만큼 더 작습니다.

3 왼쪽의 각보다 더 많이 벌어진 나의 크기가 더 큽니다.

4 가장 적게 벌어진 다가 가장 작은 각입니다.

5 서술형 가이드 크기가 가장 큰 각을 찾고 두 변이 가장 많이 벌어져 있다는 내용이 들어가야 합니다.

채점기준	크기가 가장 큰 각을 찾고 그 이유를 썼음.	상
	크기가 가장 큰 각을 찾았지만 그 이유를 쓰지 못함.	중
	크기가 가장 큰 각을 찾지 못하고 이유도 쓰지 못함.	하

6 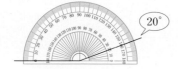 로 재면 가는 4개, 나는 2개이므로 가의 크기는 나의 크기보다  4−2=2(개)만큼 더 큽니다.

7  로 재면 가는 6개, 나는 3개이므로 가의 크기는 나의 크기보다  6−3=3(개)만큼 더 큽니다.

8 각의 한 변이 안쪽 눈금 0에 맞춰져 있으므로 나머지 한 변과 만나는 각도기의 안쪽 눈금을 읽으면 120°입니다.

9 각 ㄱㄴㅁ은 각의 한 변이 바깥쪽 눈금 0에 맞춰져 있으므로 나머지 한 변과 만나는 각도기의 바깥쪽 눈금을 읽으면 110°입니다.

10 각 ㄹㄴㄷ은 각의 한 변이 안쪽 눈금 0에 맞춰져 있으므로 나머지 한 변과 만나는 각도기의 안쪽 눈금을 읽으면 55°입니다.

11 각도기의 중심을 각의 꼭짓점에 맞추고 각도기의 밑금을 각의 한 변에 맞춘 다음 나머지 한 변과 만나는 눈금을 읽으면 160°입니다.
참고 각도를 잴 때 다음과 같이 실수하지 않도록 합니다.

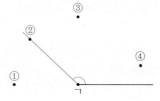

⇨ 각도기의 밑금과 맞닿아 있는 변이 0°인 쪽에서 수가 커지는 방향에 있는 쪽의 눈금을 읽지 않았습니다.

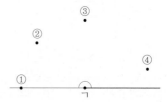

⇨ 각의 꼭짓점을 각도기의 중심에 맞추지 않았습니다.

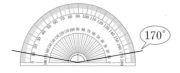

⇨ 각의 한 변을 각도기의 밑금에 맞추지 않았습니다.

12 각도기의 중심을 각의 꼭짓점에 맞추고 각도기의 밑금을 각의 한 변에 맞춘 다음 나머지 한 변과 만나는 눈금을 읽으면 115°입니다.

STEP 1 개념 파헤치기
43쪽

1 가, 마 ; 다 ; 나, 라
2 (1) 예각에 ○표 (2) 둔각에 ○표
3 (1) 둔각 (2) 예각 　　**4** (1) ④ (2) ②

1 주어진 각 중 직각은 다이고, 이 각을 기준으로 크기가 더 작은 각, 더 큰 각으로 분류합니다.

2 (1) 각도가 0°보다 크고 직각보다 작으므로 예각입니다.
(2) 각도가 직각보다 크고 180°보다 작으므로 둔각입니다.

3 (1) 각도가 직각보다 크고 180°보다 작으므로 둔각입니다.
(2) 각도가 0°보다 크고 직각보다 작으므로 예각입니다.

4 (1) 선으로 이었을 때 각도가 0°보다 크고 직각보다 작게 되는 점은 ④입니다.

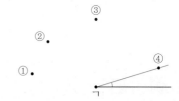

(2) 선으로 이었을 때 각도가 직각보다 크고 180°보다 작게 되는 점은 ②입니다.

참고 (2)에서 점 ㄱ과 ①을 이으면 180°가 되므로 둔각이 아닙니다.

STEP 1 개념 파헤치기   45쪽

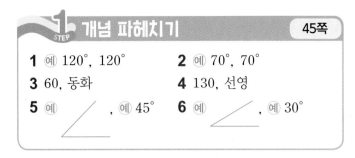

1 예 120°, 120°   **2** 예 70°, 70°
3 60, 동화   **4** 130, 선영
5 예 ／ , 예 45°   **6** 예 ／ , 예 30°

1~2 각도기를 이용하지 않고 각도가 얼마쯤 될지 어림한 후 각도기로 각도를 잽니다.

3 70°와 80° 중 60°에 더 가까운 것은 70°이므로 더 정확하게 어림한 사람은 동화입니다.

4 110°와 120° 중 130°에 더 가까운 것은 120°이므로 더 정확하게 어림한 사람은 선영입니다.

5 직각의 반이 45°이므로 왼쪽 각의 크기의 반이 되도록 그립니다.

6 직각을 3등분 한 것 중 하나가 30°이므로 왼쪽 각의 크기를 3등분 한 것 중 하나가 되도록 그립니다.

STEP 2 개념 확인하기   46~47쪽

개념3 예각, 둔각
1 예각   **2** 둔각
3 나, 라   **4** 다
5   **6** 예

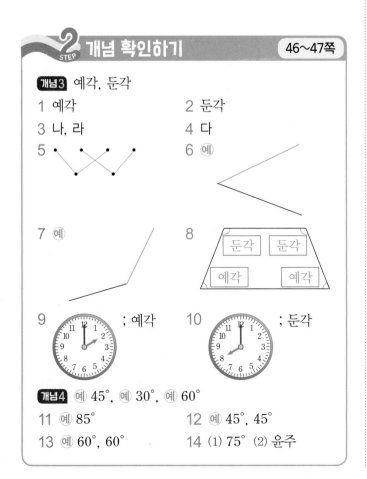

7 예   **8** [둔각] [둔각] [예각] [예각]

9 ; 예각   **10** ; 둔각

개념4 예 45°, 예 30°, 예 60°
11 예 85°
12 예 45°, 45°
13 예 60°, 60°
14 (1) 75° (2) 윤주

---

1 부채를 펼친 각도가 0°보다 크고 직각보다 작으므로 예각입니다.

2 부채를 펼친 각도가 직각보다 크고 180°보다 작으므로 둔각입니다.

3 생각 열기 예각은 각도가 0°보다 크고 직각보다 작은 각입니다.
각도가 0°보다 크고 직각보다 작은 각을 모두 찾으면 나, 라입니다.

4 생각 열기 둔각은 각도가 직각보다 크고 180°보다 작은 각입니다.
각도가 직각보다 크고 180°보다 작은 각을 찾으면 다입니다.

5 55°와 80°는 0°보다 크고 직각(90°)보다 작으므로 예각입니다.
100°와 160°는 직각(90°)보다 크고 180°보다 작으므로 둔각입니다.

6 각도가 0°보다 크고 직각보다 작게 그립니다.
예

7 각도가 직각보다 크고 180°보다 작게 그립니다.
예

8 각도가 0°보다 크고 직각보다 작으면 예각이고, 각도가 직각보다 크고 180°보다 작으면 둔각입니다.

9

긴바늘과 짧은바늘이 이루는 작은 쪽의 각도가 0°보다 크고 직각보다 작으므로 예각입니다.

10

긴바늘과 짧은바늘이 이루는 작은 쪽의 각도가 직각보다 크고 180°보다 작으므로 둔각입니다.

11 90°에 가까우므로 약 85°로 어림할 수 있습니다.

12 직각을 2등분 한 것 중의 하나와 비슷하므로 약 45°로 어림할 수 있습니다.

13 직각을 3등분 한 것 중의 둘과 비슷하므로 약 60°로 어림할 수 있습니다.

14 (1) 각도를 재어 보면 75°입니다.
  (2) 어림한 각도가 잰 각도에 가까울수록 더 정확하게 어림한 것입니다.
   ⇨ 85°와 70° 중 75°에 더 가까운 것은 70°이므로 더 정확하게 어림한 사람은 윤주입니다.

STEP 1 개념 파헤치기　49쪽

1 90　　　　　**2** 55
3 130, 130　　**4** 140, 140
5 (1) 190°　(2) 195°

1 각도기로 재어 보면 두 각도의 합은 90°입니다.

2 각도기로 재어 보면 두 각도의 합은 55°입니다.

3 생각 열기 자연수의 덧셈과 같은 방법으로 계산한 다음, 단위 °를 붙여 줍니다.
  $30+100=130 \Rightarrow 30°+100°=130°$

4 $70+70=140 \Rightarrow 70°+70°=140°$

5 (1) $120+70=190 \Rightarrow 120°+70°=190°$
  (2) $105+90=195 \Rightarrow 105°+90°=195°$

STEP 1 개념 파헤치기　51쪽

1 70　　　　　**2** 45
3 70, 70　　　**4** 60, 60
5 (1) 50°　(2) 25°

1 각도기로 재어 보면 두 각도의 차는 70°입니다.

2 각도기로 재어 보면 두 각도의 차는 45°입니다.

---

3 생각 열기 자연수의 뺄셈과 같은 방법으로 계산한 다음, 단위 °를 붙여 줍니다.
  $150-80=70 \Rightarrow 150°-80°=70°$

4 $100-40=60 \Rightarrow 100°-40°=60°$

5 (1) $70-20=50 \Rightarrow 70°-20°=50°$
  (2) $115-90=25 \Rightarrow 115°-90°=25°$

STEP 2 개념 확인하기　52~53쪽

개념5　70
1 145°　　　　**2** 55°
3 150°　　　　**4** <
5 70°　　　　　**6** 150°
7 175°　　　　**8** 60°
개념6　40
9 25°　　　　　**10** 60°
11 90°　　　　　**12** =
13 175°　　　　**14** (○) (　)
15 160°　　　　**16** 40°

1 자연수의 덧셈과 같은 방법으로 계산한 다음, 단위 °를 붙여 줍니다.
  $35+110=145 \Rightarrow 35°+110°=145°$

2 $30°+25°=55°$

3 $130°+20°=150°$

4 $70°+25°=95°$, $45°+65°=110° \Rightarrow 95° < 110°$

5 생각 열기 먼저 ㉠과 ㉡의 각도를 각각 알아봅니다.
  ㉠은 40°이고 ㉡은 30°이므로
  ㉠+㉡$=40°+30°=70°$입니다.

6 두 각의 크기가 각각 50°, 100°이므로
  $50°+100°=150°$입니다.

7 $160°>90°>60°>15°$
  ⇨ (가장 큰 각도)+(가장 작은 각도)
   $=160°+15°=175°$

8 □$-10°=50°$, □$=50°+10°=60°$

9 자연수의 뺄셈과 같은 방법으로 계산한 다음, 단위 °를 붙여 줍니다.
$140-115=25 \Rightarrow 140°-115°=25°$

10 $70°-10°=60°$

11 $145°-55°=90°$

12 $90°-15°=75°, 130°-55°=75°$

13 $200°>90°>30°>25°$
$\Rightarrow$ (가장 큰 각도)$-$(가장 작은 각도)
$=200°-25°=175°$

14 $165°-70°=95°$
$\Rightarrow 95°$는 직각보다 크고 $180°$보다 작으므로 둔각입니다.
$210°-150°=60°$
$\Rightarrow 60°$는 $0°$보다 크고 직각보다 작으므로 예각입니다.

15 $110°+\square=270° \Rightarrow \square=270°-110°=160°$

16 각도기로 세 각의 크기를 재어 보면 왼쪽부터 $105°$, $50°$, $65°$입니다.
가장 큰 각도: $105°$, 두 번째로 큰 각도: $65°$
$\Rightarrow 105°-65°=40°$

 개념 파헤치기 55쪽

1 180   **2** 180
3 $50°, 80° ; 180°$ **4** $85°, 65°, 30° ; 180°$
5 180   **6** 180, 180, 65
7 180, 180, 20

1 $70°+60°+50°=180°$

2 $120°+35°+25°=180°$

3 나머지 두 각의 크기를 재어 보면 ㉡ $50°$, ㉢ $80°$이므로 세 각의 크기의 합은 $50°+50°+80°=180°$입니다.

4 세 각의 크기를 재어 보면 ㉠ $85°$, ㉡ $65°$, ㉢ $30°$이므로 세 각의 크기의 합은 $85°+65°+30°=180°$입니다.

5 직선이 이루는 각의 크기는 $180°$이므로 삼각형의 세 각의 크기의 합은 $180°$입니다.

6 **생각 열기** 삼각형의 세 각의 크기의 합이 $180°$임을 이용합니다.
$㉠+70°+45°=180°$
$\Rightarrow ㉠=180°-70°-45°, ㉠=65°$
참고 삼각형의 세 각의 크기의 합이 $180°$이므로 $180°$에서 주어진 두 각의 크기를 빼면 나머지 한 각의 크기를 구할 수 있습니다.

7 $20°+140°+㉠=180°$
$\Rightarrow ㉠=180°-20°-140°, ㉠=20°$

개념 파헤치기 57쪽

1 360   **2** 360
3 $70°, 80°, 110° ; 360°$
4 $100°, 105°, 85°, 70° ; 360°$
5 360   **6** 360, 360, 120
7 360, 360, 110

1 $110°+75°+85°+90°=360°$

2 $145°+55°+60°+100°=360°$

3 나머지 세 각의 크기를 재어 보면
㉡ $70°$, ㉢ $80°$, ㉣ $110°$이므로 네 각의 크기의 합은
$100°+70°+80°+110°=360°$입니다.

4 네 각의 크기를 재어 보면 ㉠ $100°$, ㉡ $105°$, ㉢ $85°$, ㉣ $70°$이므로 네 각의 크기의 합은
$100°+105°+85°+70°=360°$입니다.

5 네 각이 빈틈없이 한 바퀴를 채우므로 사각형의 네 각의 크기의 합은 $360°$입니다.

6 **생각 열기** 사각형의 네 각의 크기의 합이 $360°$임을 이용합니다.
$90°+90°+60°+㉠=360°$
$\Rightarrow ㉠=360°-90°-90°-60°, ㉠=120°$
참고 사각형의 네 각의 크기의 합이 $360°$이므로 $360°$에서 주어진 세 각의 크기를 빼면 나머지 한 각의 크기를 구할 수 있습니다.

7 $90°+85°+75°+㉠=360°$
$\Rightarrow ㉠=360°-90°-85°-75°, ㉠=110°$

꼼꼼 풀이집

STEP 2 개념 확인하기 58~59쪽

개념7 180

1 $20°$, $30°$, $130°$; $180°$

2 $30°$ 3 $70°$

4 ㉡ 5 $10°$

6 $120°$ 7 $90°$

개념8 360

8 $40°$, $100°$, $110°$, $110°$; $360°$

9 $60°$

10 $180°$, $180°$, $180°$, $180°$, $360°$

11 $130°$ 12 $195°$

1 세 각의 크기를 재어 보면 ㉠ $20°$, ㉡ $30°$, ㉢ $130°$이므로 세 각의 크기의 합은 $20°+30°+130°=180°$입니다.

2 **생각 열기** 삼각형의 세 각의 크기의 합에서 주어진 두 각의 크기를 빼면 나머지 한 각의 크기를 구할 수 있습니다.
삼각형의 세 각의 크기의 합은 $180°$이므로
$\square+110°+40°=180°$, $\square=180°-110°-40°$,
$\square=30°$입니다.

3 삼각형의 세 각의 크기의 합은 $180°$이므로
$40°+70°+\square=180°$, $\square=180°-40°-70°$,
$\square=70°$입니다.

4 **생각 열기** 세 각의 크기의 합이 $180°$인지 확인합니다.
㉠ $60°+70°+50°=180°$이므로 삼각형의 세 각의 크기가 될 수 있습니다.
㉡ $110°+40°+10°=160°$이므로 삼각형의 세 각의 크기가 될 수 없습니다.

5 **생각 열기** 삼각형의 세 각의 크기의 합이 $180°$임을 이용하여 모르는 한 각의 크기를 구할 수 있습니다.
나머지 한 각의 크기를 $\square$라 하면
$80°+90°+\square=180°$입니다.
⇨ $\square=180°-80°-90°=10°$

6 삼각형의 세 각의 크기의 합이 $180°$이므로
㉠$+$㉡$+60°=180°$, ㉠$+$㉡$=180°-60°=120°$입니다.

7 삼각형의 세 각의 크기의 합이 $180°$이므로
$90°+$㉠$+$㉡$=180°$, ㉠$+$㉡$=180°-90°=90°$입니다.

8 ㉠ $40°$, ㉡ $100°$, ㉢ $110°$, ㉣ $110°$
⇨ $40°+100°+110°+110°=360°$

9 **생각 열기** 사각형의 네 각의 크기의 합에서 주어진 세 각의 크기를 빼면 나머지 한 각의 크기를 구할 수 있습니다.
사각형의 네 각의 크기의 합은 $360°$이므로
$50°+150°+\square+100°=360°$,
$\square=360°-50°-150°-100°$, $\square=60°$입니다.

10 사각형의 네 각의 크기의 합은 두 삼각형의 세 각의 크기의 합을 더합니다.

11 **생각 열기** 사각형의 네 각의 크기의 합이 $360°$임을 이용하여 모르는 각의 크기를 구할 수 있습니다.
나머지 한 각의 크기를 $\square$라 하면
$65°+45°+120°+\square=360°$입니다.
⇨ $\square=360°-65°-45°-120°=130°$

12 사각형의 네 각의 크기의 합은 $360°$이므로
㉠$+85°+80°+$㉡$=360°$,
㉠$+$㉡$=360°-85°-80°=195°$입니다.

STEP 3 단원 마무리 평가 60~62쪽

1 ② 2 ( ) (○) ( )
3 다, 가, 나 4 $135°$
5 $65°$ 6 예
7 ㉡ 8 $300°$
9 $150°$ 10 ②
11 $120°$; $50°$ 12 둔
13 < 14 예 $60°$, $60°$
15 산도 ; 예 네 각의 크기의 합이 $360°$가 아니기 때문에 사각형의 각의 크기가 될 수 없습니다.
16 $75°$ 17 $95°$
18 $145°$ 19 선주
20 $130°$, $50°$, $180°$, $180°$, $50°$, $70°$; $70°$

1 각도기의 중심을 각의 꼭짓점에 맞추고 각도기의 밑금을 각의 한 변에 맞춘 후 각의 나머지 한 변과 만나는 각도기의 눈금을 읽습니다.

2 생각열기 • 예각: 각도가 0°보다 크고 직각보다 작은 각
 • 직각: 각도가 90°인 각
 • 둔각: 각도가 직각보다 크고 180°보다 작은 각
각도가 직각보다 크고 180°보다 작은 각을 찾습니다.

3 생각열기 각의 크기는 변의 길이와 관계없이 두 변이 벌어진 정도에 따라 비교합니다.
두 변이 많이 벌어져 있는 각부터 차례로 기호를 씁니다.
⇨ 다, 가, 나

4
각의 한 변이 바깥쪽 눈금 0에 맞춰져 있으므로 나머지 한 변과 만나는 각도기의 바깥쪽 눈금을 읽으면 135°입니다.

5
각의 한 변이 안쪽 눈금 0에 맞춰져 있으므로 나머지 한 변과 만나는 각도기의 안쪽 눈금을 읽으면 65°입니다.
주의 각도기의 밑금과 각의 한 변이 만난 쪽의 눈금에서 시작하는 각도를 읽어야 합니다.

6 왼쪽보다 더 적게 벌어지게 각을 그립니다.

7 긴바늘과 짧은바늘이 이루는 작은 쪽의 각도가 0°보다 크고 직각보다 작은 시계를 찾습니다. ⇨ ㉡
참고 ㉠ 직각, ㉡ 예각, ㉢ 둔각

8 생각열기 각도의 합은 자연수의 덧셈과 같은 방법으로 계산한 다음 단위 °를 붙여 줍니다.
$180+120=300 \Rightarrow 180°+120°=300°$

9 생각열기 각도의 차는 자연수의 뺄셈과 같은 방법으로 계산한 다음 단위 °를 붙여 줍니다.
$240-90=150 \Rightarrow 240°-90°=150°$

10 둔각은 직각보다 크고 180°보다 작은 각입니다.
⇨ ② 85°는 직각(90°)보다 작으므로 둔각이 아닙니다.

11 합: $85+35=120 \Rightarrow 85°+35°=120°$
차: $85-35=50 \Rightarrow 85°-35°=50°$

12 $45°+55°=100°$
⇨ 각도가 직각보다 크고 180°보다 작으므로 둔각입니다.

13 $70°+65°=135°, 160°-15°=145°$
⇨ $135° < 145°$

14 직각을 3등분 한 것 중의 둘과 비슷하므로 약 60°로 어림할 수 있습니다.

15 서술형 가이드 도형의 각의 크기가 될 수 없는 것을 말한 사람을 찾고 그 이유를 바르게 썼는지 확인합니다.

채점 기준	도형의 각의 크기가 될 수 없는 것을 말한 사람의 이름을 쓰고 그 이유를 썼음.	상
	도형의 각의 크기가 될 수 없는 것을 말한 사람의 이름만 썼음.	중
	도형의 각의 크기가 될 수 없는 것을 말한 사람의 이름과 그 이유를 쓰지 못함.	하

16 삼각형의 세 각의 크기의 합은 180°이므로
$50°+\square+55°=180°, \square=180°-50°-55°,$
$\square=75°$입니다.

17 사각형의 네 각의 크기의 합은 360°이므로
$65°+80°+\square+120°=360°,$
$\square=360°-65°-80°-120°, \square=95°$입니다.

18 사각형의 네 각의 크기의 합은 360°이고 알고 있는 두 각의 크기의 합은 $100°+115°=215°$입니다.
따라서 사각형의 나머지 두 각의 크기의 합은
$360°-215°=145°$입니다.

19 각도기로 각도를 재어 보면 30°입니다.
20°와 50° 중 30°에 더 가까운 것은 20°입니다.
따라서 선주가 더 정확하게 어림했습니다.

20 서술형 가이드 직선이 이루는 각도와 삼각형의 세 각의 크기의 합을 이용하여 ㉠의 각도를 바르게 구했는지 확인합니다.

채점 기준	□ 안에 알맞은 각도를 쓰고 답을 바르게 구했음.	상
	□ 안에 알맞은 각도를 일부만 썼음.	중
	□ 안에 알맞은 각도를 쓰지 못함.	하

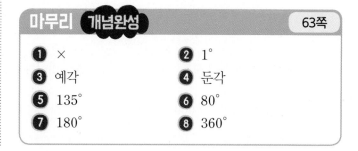
마무리 개념완성 63쪽

❶ ×   ❷ 1°
❸ 예각   ❹ 둔각
❺ 135°   ❻ 80°
❼ 180°   ❽ 360°

3. 곱셈과 나눗셈

1 (1) 36000 ; 10 (2) 42000 ; 10
2 (위부터) (1) 1400, 14000 ; 10 (2) 3000, 30000 ; 10
3 12000
4 18000
5 32000
6 (1) (위부터) 3, 21, 21 (2) 21000장

---

1 (1) 900×40은 900×4의 10배입니다.
$\Rightarrow 900 \times 40 = 36000$
(2) 700×60은 700×6의 10배입니다.
$\Rightarrow 700 \times 60 = 42000$

2 생각 열기 (몇백)×(몇십)은 (몇백)×(몇)의 10배입니다.

(1)
$$\begin{array}{r} 200 \\ \times 7 \\ \hline 1400 \end{array} \qquad \begin{array}{r} 200 \\ \times 70 \\ \hline 14000 \end{array}$$
10배

(2)
$$\begin{array}{r} 500 \\ \times 6 \\ \hline 3000 \end{array} \qquad \begin{array}{r} 500 \\ \times 60 \\ \hline 30000 \end{array}$$
10배

3
$$\begin{array}{r} 400 \\ \times 3 \\ \hline 1200 \end{array} \qquad \begin{array}{r} 400 \\ \times 30 \\ \hline 12000 \end{array}$$
10배

4
$$\begin{array}{r} 900 \\ \times 2 \\ \hline 1800 \end{array} \qquad \begin{array}{r} 900 \\ \times 20 \\ \hline 18000 \end{array}$$
10배

5
$$\begin{array}{r} 800 \\ \times 4 \\ \hline 3200 \end{array} \qquad \begin{array}{r} 800 \\ \times 40 \\ \hline 32000 \end{array}$$
10배

6 (1) 3과 7의 곱 21에 곱하는 두 수의 0의 개수만큼 0을 붙입니다.

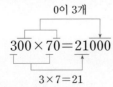
0이 3개
$$300 \times 70 = 21000$$
$3 \times 7 = 21$

(2) 색종이 70묶음은 모두 $300 \times 70 = 21000$(장)입니다.

참고
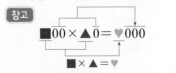
■00 × ▲0 = ♥000
■ × ▲ = ♥

1 (1) 22650 (2) 17220
2 (위부터) (1) 720, 7200 ; 10 (2) 1850, 18500 ; 10
3 4860
4 5040
5 31500
6 (1) 932, 9320 (2) 9320개

---

1 생각 열기 (세 자리 수)×(몇십)은 (세 자리 수)×(몇)의 10배입니다.
(1) 453×50은 453×5의 10배입니다.
$$453 \times 5 = 2265$$
10배   10배
$\Rightarrow 453 \times 50 = 22650$
(2) 246×70은 246×7의 10배입니다.
$$246 \times 7 = 1722$$
10배   10배
$\Rightarrow 246 \times 70 = 17220$

2 (1) 180×40은 180×4의 10배입니다.
$180 \times 4 = 720$
$\Rightarrow 180 \times 40 = 7200$
(2) 370×50은 370×5의 10배입니다.
$370 \times 5 = 1850$
$\Rightarrow 370 \times 50 = 18500$

3 $243 \times 2 = 486$
$\Rightarrow 243 \times 20 = 4860$

4 $168 \times 3 = 504$
$\Rightarrow 168 \times 30 = 5040$

5 $450 \times 7 = 3150$
$\Rightarrow 450 \times 70 = 31500$

6 (1) 233과 4의 곱 932에 0을 1개 붙이면 233과 40의 곱이 됩니다.
$233 \times 4 = 932 \Rightarrow 233 \times 40 = 9320$
(2) 40상자에 담겨 있는 사탕은 모두 $233 \times 40 = 9320$(개)입니다.

STEP 1 개념 파헤치기 **71쪽**

1 (1) 7260, 3267, 10527

   (2) 15510, 2068, 17578

2 436 ; 3052 ;

$$
\begin{array}{r}
4\,3\,6 \\
\times \quad 1\,7 \\
\hline
\boxed{3\,0\,5\,2} \\
\boxed{4\,3\,6\,0} \\
\hline
\boxed{7\,4\,1\,2}
\end{array}
$$

3 (1)
$$
\begin{array}{r}
2\,9\,4 \\
\times \quad 4\,3 \\
\hline
\boxed{8\,8\,2} \\
\boxed{1\,1\,7\,6\,0} \\
\hline
\boxed{1\,2\,6\,4\,2}
\end{array}
$$
(2)
$$
\begin{array}{r}
5\,8\,3 \\
\times \quad 3\,7 \\
\hline
\boxed{4\,0\,8\,1} \leftarrow 583 \times \boxed{7} \\
\boxed{1\,7\,4\,9\,0} \leftarrow 583 \times \boxed{30} \\
\hline
\boxed{2\,1\,5\,7\,1}
\end{array}
$$

4 9785   **5** 20768

6 27504

---

1 (1) 363×29에서 29는 20과 9의 합이므로
363×29=363×20+363×9입니다.

$$
\begin{array}{r}
3\,6\,3 \\
\times \quad 2\,9 \\
\hline
3\,2\,6\,7 \leftarrow 363 \times 9 \\
7\,2\,6\,0 \leftarrow 363 \times 20 \\
\hline
1\,0\,5\,2\,7
\end{array}
$$

  (2) 517×34에서 34는 30과 4의 합이므로
517×34=517×30+517×4입니다.

$$
\begin{array}{r}
5\,1\,7 \\
\times \quad 3\,4 \\
\hline
2\,0\,6\,8 \leftarrow 517 \times 4 \\
1\,5\,5\,1\,0 \leftarrow 517 \times 30 \\
\hline
1\,7\,5\,7\,8
\end{array}
$$

2 436×17은 436×7과 436×10을 더한 값입니다.

3 (1)
$$
\begin{array}{r}
2\,9\,4 \\
\times \quad 4\,3 \\
\hline
8\,8\,2 \leftarrow 294 \times 3 \\
1\,1\,7\,6\,0 \leftarrow 294 \times 40 \\
\hline
1\,2\,6\,4\,2
\end{array}
$$
294×3과 294×40을 계산하고 두 계산 결과를 더합니다.

  (2)
$$
\begin{array}{r}
5\,8\,3 \\
\times \quad 3\,7 \\
\hline
4\,0\,8\,1 \leftarrow 583 \times 7 \\
1\,7\,4\,9\,0 \leftarrow 583 \times 30 \\
\hline
2\,1\,5\,7\,1
\end{array}
$$
583×7과 583×30을 계산하고 두 계산 결과를 더합니다.

4
$$
\begin{array}{r}
5\,1\,5 \\
\times \quad 1\,9 \\
\hline
4\,6\,3\,5 \\
5\,1\,5 \\
\hline
9\,7\,8\,5
\end{array}
$$

참고
$$
\begin{array}{r}
5\,1\,5 \\
\times \quad 1\,9 \\
\hline
4\,6\,3\,5 \\
5\,1\,5\,0 \\
\hline
9\,7\,8\,5
\end{array}
\Rightarrow
\begin{array}{r}
5\,1\,5 \\
\times \quad 1\,9 \\
\hline
4\,6\,3\,5 \\
5\,1\,5 \\
\hline
9\,7\,8\,5
\end{array}
$$

세로 계산에서 십의 자리를 곱할 때, 계산상 편리함을 위해서 일의 자리 0의 표시를 생략한 것입니다. 즉, 위의 두 계산식은 같으며 오른쪽 계산식에서 515×1은 십의 자리를 계산한 것이므로 곱을 십의 자리에 맞추어 써야 합니다.

5
$$
\begin{array}{r}
9\,4\,4 \\
\times \quad 2\,2 \\
\hline
1\,8\,8\,8 \\
1\,8\,8\,8 \\
\hline
2\,0\,7\,6\,8
\end{array}
$$

6
$$
\begin{array}{r}
7\,6\,4 \\
\times \quad 3\,6 \\
\hline
4\,5\,8\,4 \\
2\,2\,9\,2 \\
\hline
2\,7\,5\,0\,4
\end{array}
$$

STEP 2 개념 확인하기 **72~73쪽**

개념1 10

1 (1) 14000 (2) 30000

2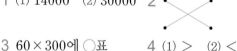

3 60×300에 ○표   **4** (1) > (2) <

개념2 8550

5 ③   **6** 6120

7 (○)(   )

개념3 10560

8 (1) 7294 (2) 23504   **9** 43513

10
$$
\begin{array}{r}
6\,2\,3 \\
\times \quad 3\,5 \\
\hline
3\,1\,1\,5 \\
\boxed{1\,8\,6\,9} \\
\hline
4\,9\,8\,4
\end{array}
\rightarrow
\begin{array}{r}
\text{예} \quad 6\,2\,3 \\
\times \quad 3\,5 \\
\hline
3\,1\,1\,5 \\
1\,8\,6\,9 \\
\hline
2\,1\,8\,0\,5
\end{array}
$$

11 5888개

12 150×34=5100 ; 5100원

13 4200 g

1 생각 열기 (몇백)×(몇십)은 (몇백)×(몇)의 10배입니다.

(1)
$$\begin{array}{r} 200 \\ \times \quad 7 \\ \hline 1400 \end{array} \qquad \begin{array}{r} 200 \\ \times \quad 70 \\ \hline 14000 \end{array}$$
　　　　　　　　　　　10배

(2)
$$\begin{array}{r} 500 \\ \times \quad 6 \\ \hline 3000 \end{array} \qquad \begin{array}{r} 500 \\ \times \quad 60 \\ \hline 30000 \end{array}$$
　　　　　　　　　　　10배

참고 (몇)×(몇)의 값에 0을 3개 붙여 계산할 수도 있습니다.

2
$$7 \times 900 = 6300 \rightarrow$$
$$70 \times 900 = 63000 \leftarrow \quad 10배$$
$$300 \times 8 = 2400 \rightarrow$$
$$300 \times 80 = 24000 \leftarrow \quad 10배$$

3
$$4 \times 4 = 16 \Rightarrow 400 \times 40 = 16000,$$
$$8 \times 2 = 16 \Rightarrow 80 \times 200 = 16000,$$
$$6 \times 3 = 18 \Rightarrow 60 \times 300 = 18000$$
$$\Rightarrow 곱이 다른 것은 60 \times 300입니다.$$

4 (1) $400 \times 60 = 24000$, $70 \times 300 = 21000$
$$\Rightarrow 24000 > 21000$$
(2) $50 \times 900 = 45000$, $800 \times 60 = 48000$
$$\Rightarrow 45000 < 48000$$

5 생각 열기 (세 자리 수)×(몇십)은 (세 자리 수)×(몇)의 10배입니다.
$$\begin{array}{r} 446 \\ \times \quad 6 \\ \hline 2676 \end{array} \Rightarrow \begin{array}{r} 446 \\ \times \quad 60 \\ \hline 26760 \end{array}$$
　　　　　　　　　　　③

6
$$\begin{array}{r} 153 \\ \times \quad 4 \\ \hline 612 \end{array} \Rightarrow \begin{array}{r} 513 \\ \times \quad 40 \\ \hline 6120 \end{array}$$

7
$$\begin{array}{r} 725 \\ \times \quad 50 \\ \hline 36250 \end{array}, \begin{array}{r} 850 \\ \times \quad 40 \\ \hline 34000 \end{array} \Rightarrow 36250 > 34000$$

8 (1)
$$\begin{array}{r} 521 \\ \times \quad 14 \\ \hline 2084 \\ 521 \quad \\ \hline 7294 \end{array}$$
(2)
$$\begin{array}{r} 904 \\ \times \quad 26 \\ \hline 5424 \\ 1808 \quad \\ \hline 23504 \end{array}$$

9
$$\begin{array}{r} 821 \\ \times \quad 53 \\ \hline 2463 \\ 4105 \quad \\ \hline 43513 \end{array}$$

10 623×3은 십의 자리 계산이므로 곱을 십의 자리에 맞추어 씁니다.
$$\begin{array}{r} 623 \\ \times \quad 35 \\ \hline 3115 \\ 1869 \quad \\ \hline 21805 \end{array}$$
← 623×30=18690에서 0이 생략되어 있는 것입니다.

11 (한 상자에 들어 있는 클립 수)×(상자 수)
$$= 256 \times 23 = 5888(개)$$

12 (주아가 산 지우개의 전체 가격)
$$= (지우개 한 개의 가격) \times (지우개의 수)$$

서술형 가이드 지우개의 전체 가격을 구하는 곱셈식을 쓰고 답을 바르게 구했는지 확인합니다.

채점기준		
식을 쓰고 답을 바르게 구함.		상
식은 썼으나 답이 틀림.		중
식을 쓰지 못하고 답도 구하지 못함.		하

13 (한 병에 담은 자두잼의 양)×(병의 수)
$$= 350 \times 12 = 4200\,(g)$$

1 STEP **개념 파헤치기**　**75쪽**

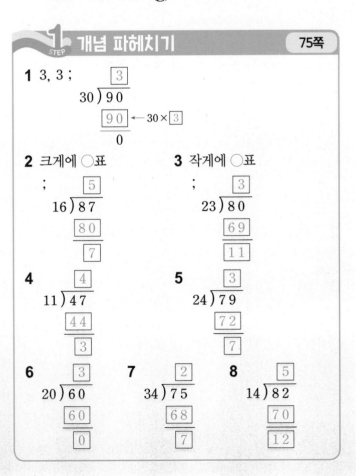

1 3, 3 ;
$$\begin{array}{r} 3 \\ 30\overline{)90} \\ \underline{90} \leftarrow 30 \times 3 \\ 0 \end{array}$$

2 크게에 ○표
;
$$\begin{array}{r} 5 \\ 16\overline{)87} \\ \underline{80} \\ 7 \end{array}$$

3 작게에 ○표
;
$$\begin{array}{r} 3 \\ 23\overline{)80} \\ \underline{69} \\ 11 \end{array}$$

4
$$\begin{array}{r} 4 \\ 11\overline{)47} \\ \underline{44} \\ 3 \end{array}$$

5
$$\begin{array}{r} 3 \\ 24\overline{)79} \\ \underline{72} \\ 7 \end{array}$$

6
$$\begin{array}{r} 3 \\ 20\overline{)60} \\ \underline{60} \\ 0 \end{array}$$

7
$$\begin{array}{r} 2 \\ 34\overline{)75} \\ \underline{68} \\ 7 \end{array}$$

8
$$\begin{array}{r} 5 \\ 14\overline{)82} \\ \underline{70} \\ 12 \end{array}$$

1 0을 지우고 9÷3으로 생각하여 계산합니다.

2 23이 16보다 크므로 몫을 1 크게 합니다.
> 주의 나눗셈에서 나머지는 나누는 수보다 작아야 합니다.

3 80에서 92를 뺄 수 없으므로 몫을 1 작게 합니다.

4 11과 곱한 값이 47보다 크지 않으면서 47에 가장 가까운 수는 44이므로 몫은 4입니다.

5 24와 곱한 값이 79보다 크지 않으면서 79에 가장 가까운 수는 72이므로 몫은 3입니다.

6 60과 곱한 값이 225보다 크지 않으면서 225에 가장 가까운 수는 180이므로 몫은 3입니다.

7
$$50)\overline{436}$$ 몫 8
400 ← 50×8
36 ← 436−400

8
$$20)\overline{148}$$ 몫 7
140 ← 20×7
8 ← 148−140

9
$$80)\overline{739}$$ 몫 9
720 ← 80×9
19 ← 739−720

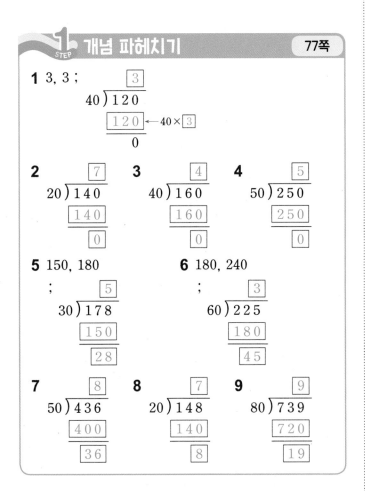

1 0을 지우고 12÷4로 생각하여 계산합니다.

5 30과 곱한 값이 178보다 크지 않으면서 178에 가장 가까운 수는 150이므로 몫은 5입니다.

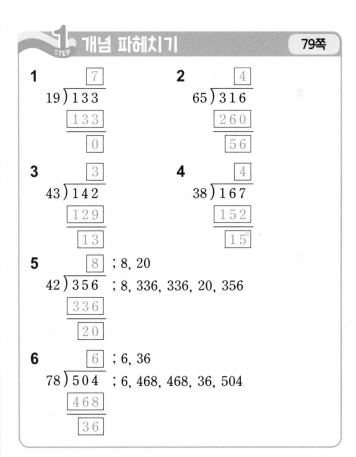

2 65와 곱한 값이 316보다 크지 않으면서 316에 가장 가까운 수는 260이므로 몫은 4입니다.

3 나머지 56이 나누는 수 43보다 크므로 몫을 2보다 1 크게 한 다음 계산합니다.
> 참고 나머지가 나누는 수보다 크면 몫을 더 크게 합니다.

4 167에서 190을 뺄 수 없으므로 몫을 5보다 1 작게 한 다음 계산합니다.

5 $42 \times 7 = 294$, $42 \times 8 = 336$, $42 \times 9 = 378$
42와 곱한 값이 356보다 크지 않으면서 356에 가장
가까운 수는 336이므로 몫을 8로 하여 계산합니다.

$$\begin{array}{r} 8 \\ 42\overline{)356} \\ 336 \\ \hline 20 \end{array}$$

확인 $42 \times 8 = 336$, $336 + 20 = 356$

참고 나누는 수와 몫의 곱에 나머지를 더한 값이 나누어
지는 수와 같으면 계산 결과가 맞습니다.

6 $78 \times 5 = 390$, $78 \times 6 = 468$, $78 \times 7 = 546$
78과 곱한 값이 504보다 크지 않으면서 504에 가장
가까운 수는 468이므로 몫을 6으로 하여 계산합니다.

$$\begin{array}{r} 6 \\ 78\overline{)504} \\ 468 \\ \hline 36 \end{array}$$

확인 $78 \times 6 = 468$, $468 + 36 = 504$

2 STEP 개념 확인하기

80~81쪽

개념4 3, 18

1 (1)
$$\begin{array}{r} \boxed{2} \\ 30\overline{)60} \\ \boxed{60} \\ \hline \boxed{0} \end{array}$$

(2)
$$\begin{array}{r} \boxed{3} \\ 28\overline{)85} \\ \boxed{84} \\ \hline \boxed{1} \end{array}$$

2 13에 ×표

3 89÷37에 ×표

4 3개

개념5 8, 16

5
$$\begin{array}{r} \boxed{4} \\ 90\overline{)381} \\ \boxed{360} \\ \hline \boxed{21} \end{array}$$

6

7 (위부터) 7, 3 ; 5, 8

8 주경야독

개념6 4, 13

9 ( )
(○)
( )

10 7, 11 ; 예 $26 \times 7 = 182$, $182 + 11 = 193$

11 208÷52에 ○표

12 6

13 4개, 4 mL

---

1 (1)
$$\begin{array}{r} 2 \\ 30\overline{)60} \\ 60 \\ \hline 0 \end{array}$$

(2)
$$\begin{array}{r} 3 \\ 28\overline{)85} \\ 84 \\ \hline 1 \end{array}$$

2 나머지는 나누는 수 12보다 작아야 하므로 주어진 수
중 13은 나머지가 될 수 없습니다.

3
$$\begin{array}{r} 2 \\ 37\overline{)89} \\ 74 \\ \hline \boxed{15} \end{array}$$
$$\begin{array}{r} 4 \\ 16\overline{)70} \\ 64 \\ \hline \boxed{6} \end{array}$$
$$\begin{array}{r} 3 \\ 29\overline{)93} \\ 87 \\ \hline \boxed{6} \end{array}$$

⇨ 나머지가 15, 6, 6이므로 나머지가 다른 하나는
89÷37입니다.

4 (한 사람에게 줄 수 있는 빵의 수)
=(전체 빵의 수)÷(나누어 주는 사람 수)
=75÷25=3(개)

5 90과 곱한 값이 381보다 크지 않으면서 381에 가장
가까운 수는 360이므로 몫은 4입니다.

$$\begin{array}{r} 4 \\ 90\overline{)381} \\ 360 \leftarrow 90 \times 4 \\ \hline 21 \leftarrow 381 - 360 \end{array}$$

6
$$\begin{array}{r} 9 \\ 20\overline{)180} \\ 180 \\ \hline 0 \end{array}$$
$$\begin{array}{r} 7 \\ 50\overline{)350} \\ 350 \\ \hline 0 \end{array}$$

7
$$\begin{array}{r} \overset{몫}{7} \\ 20\overline{)143} \\ 140 \\ \hline \underset{나머지}{3} \end{array}$$
$$\begin{array}{r} 5 \\ 60\overline{)308} \\ 300 \\ \hline 8 \end{array}$$

8 $450÷90=5$, $420÷70=6$,
$\quad 45÷9=5 \qquad\quad 42÷7=6$
$400÷50=8$, $360÷40=9$
$\quad 40÷5=8 \qquad\quad 36÷4=9$

⇨ 9>8>6>5이므로 주경야독입니다.

참고 주경야독: 낮에는 농사를 짓고 밤에는 글을 읽는
다는 뜻으로, 바쁘고 어려운 중에서 꿋꿋
이 공부함을 이르는 말

9 38과 곱한 값이 261보다 크지 않으면서 261에 가장
가까운 식을 찾으면 $38 \times 6 = 228$입니다.

10
$$26\overline{)193}$$
$$\underline{182}$$
$$11$$　[확인] $26\times7=182$, $182+11=193$

11
$$52\overline{)208}\qquad 79\overline{)276}$$
$$\underline{208}\qquad\underline{237}$$
$$0\qquad39$$

⇨ 몫의 크기를 비교하면 $4>3$이므로 $208\div52$의 몫이 더 큽니다.

12 $62<372$이므로 372를 62로 나눕니다.

$$62\overline{)372}\ \leftarrow\text{몫}$$
$$\underline{372}$$
$$0$$

13 눈금실린더의 작은 눈금 한 칸은 $1\,\text{mL}$를 나타내므로 눈금실린더에 담긴 물은 $168\,\text{mL}$입니다.

$$41\overline{)168}$$
$$\underline{164}$$
$$4$$

⇨ $168\div41=4\cdots4$이므로 $41\,\text{mL}$씩 4개까지 옮겨 담을 수 있고, 남는 물은 $4\,\text{mL}$입니다.

---

1 STEP 개념 파헤치기　**83쪽**

1 (위부터) ㉠, ㉢, ㉡　　**2** (위부터) ㉡, ㉠, ㉢

3
$$27\overline{)918}$$ 몫 $\boxed{34}$
$$\underline{\boxed{810}}$$
$$\boxed{108}$$
$$\underline{\boxed{108}}$$
$$0$$

4
$$63\overline{)945}$$ 몫 $\boxed{15}$
$$\underline{\boxed{630}}$$
$$\boxed{315}$$
$$\underline{\boxed{315}}$$
$$0$$

5 36 ; [예] $19\times36=684$　**6** 16 ; [예] $48\times16=768$

1
$$13\overline{)572}$$ 몫 44
$$\underline{520}\ \leftarrow 13\times40\ (\text{㉠})$$
$$52\ \leftarrow 572-520\ (\text{㉢})$$
$$\underline{52}\ \leftarrow 13\times4\ (\text{㉡})$$
$$0$$

2
$$31\overline{)682}$$ 몫 22
$$\underline{620}\ \leftarrow 31\times20\ (\text{㉠})$$
$$62\ \leftarrow 682-620\ (\text{㉢})$$
$$\underline{62}\ \leftarrow 31\times2\ (\text{㉡})$$
$$0$$

3
$$27\overline{)918}$$ 몫 34
$$\underline{810}\ \leftarrow 27\times30$$
$$108\ \leftarrow 918-810$$
$$\underline{108}\ \leftarrow 27\times4$$
$$0\ \leftarrow 108-108$$

4
$$63\overline{)945}$$ 몫 15
$$\underline{630}\ \leftarrow 63\times10$$
$$315\ \leftarrow 945-630$$
$$\underline{315}\ \leftarrow 63\times5$$
$$0\ \leftarrow 315-315$$

5
$$19\overline{)684}$$ 몫 36
$$\underline{57}$$
$$114$$
$$\underline{114}$$
$$0$$

나누는 수 몫 나누어지는 수
[확인] $19\times36=684$

[참고] 나누어떨어지는 나눗셈에서 계산 결과가 맞는지 확인할 때는 나누는 수와 몫의 곱이 나누어지는 수와 같은지 알아봅니다.

6
$$48\overline{)768}$$ 몫 16
$$\underline{48}$$
$$288$$
$$\underline{288}$$
$$0$$

나누는 수 몫 나누어지는 수
[확인] $48\times16=768$

---

1 STEP 개념 파헤치기　**85쪽**

1 (1) [예] 20, [예] 30　(2) [예] 10, [예] 20

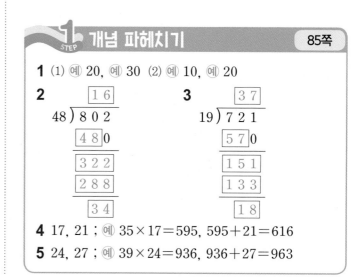

2
$$48\overline{)802}$$ 몫 $\boxed{16}$
$$\underline{\boxed{480}}$$
$$\boxed{322}$$
$$\underline{\boxed{288}}$$
$$\boxed{34}$$

3
$$19\overline{)721}$$ 몫 $\boxed{37}$
$$\underline{\boxed{570}}$$
$$\boxed{151}$$
$$\underline{\boxed{133}}$$
$$\boxed{18}$$

4 17, 21 ; [예] $35\times17=595$, $595+21=616$

5 24, 27 ; [예] $39\times24=936$, $936+27=963$

1 (1) 903은 640보다 크고 960보다 작으므로 903÷32의 몫은 20보다 크고 30보다 작습니다.

(2) 240은 180보다 크고 360보다 작으므로 240÷18의 몫은 10보다 크고 20보다 작습니다.

2
```
        16
  48)802
     480   ←48×10
     322   ←802-480
     288   ←48×6
      34   ←322-288
```

3
```
        37
  19)721
     570   ←19×30
     151   ←721-570
     133   ←19×7
      18   ←151-133
```

4
```
        17
  35)616
     35
     266
     245
      21
```
나누는 수 · 몫 / 나누어지는 수 / 나머지

확인 35×17=595, 595+21=616

참고 나머지가 있는 나눗셈에서 계산 결과가 맞는지 확인할 때는 나누는 수와 몫의 곱에 나머지를 더한 값이 나누어지는 수와 같은지 알아봅니다.

5
```
        24
  39)963
     78
     183
     156
      27
```
나누는 수 · 몫 / 나누어지는 수 / 나머지

확인 39×24=936, 936+27=963

STEP 2 개념 확인하기 86~87쪽

개념7 29

1 (1)
```
        15
  42)630
     420
     210
     210
       0
```
(2)
```
        19
  28)532
     280
     252
     252
       0
```

2 13
3 55
4 =
5 ㉡
6 18상자
7 예)
```
         11
  23)253
     23
      23
      23
       0
```

개념8 24

8 2
9 31, 26
10 <
11

194÷16	431÷56	156÷23
825÷44	107÷11	369÷38

12 995÷31에 ×표
13 (위부터) 19, 7 ; 24, 12
14 13개, 30 cm

1 (1)
```
        15
  42)630
     420
     210
     210
       0
```
(2)
```
        19
  28)532
     280
     252
     252
       0
```

2
```
        13
  57)741
     57
     171
     171
       0
```
3
```
        55
  18)990
     90
      90
      90
       0
```

4
```
        37
  18)666
     54
     126
     126
       0
```
```
        37
  22)814
     66
     154
     154
       0
```

5 ㉠
```
        29
  11)319
     22
      99
      99
       0
```
㉡
```
        22
  35)770
     70
      70
      70
       0
```
㉢
```
        29
  24)696
     48
     216
     216
       0
```

⇨ 몫이 ㉠ 29 ㉡ 22 ㉢ 29이므로 몫이 다른 식은 ㉡입니다.

6

$$45 \overline{)810}$$
$$\underline{45}$$
$$360$$
$$\underline{360}$$
$$0$$

몫 **18** ➡ 자두는 모두 18상자입니다.

7 25÷23을 생각하여 몫의 십의 자리 수를 먼저 구합니다.

8 630은 25×20=500보다 크고 25×30=750보다 작습니다.
➡ 630÷25의 몫은 20보다 크고 30보다 작으므로 십의 자리 숫자는 2입니다.

9

$$31 \overline{)987} \quad \leftarrow 몫$$
$$\underline{93}$$
$$57$$
$$\underline{31}$$
$$26 \quad \leftarrow 나머지$$

10

$$26 \overline{)675} \quad 32 \overline{)983}$$
(몫 **25**) (몫 **30**)
$$\underline{52} \qquad \underline{96}$$
$$155 \qquad 23$$
$$\underline{130}$$
$$25$$

➡ 25<30

11 194÷16 ➡ 19>16이므로 몫이 두 자리 수입니다.
431÷56 ➡ 43<56이므로 몫이 한 자리 수입니다.
156÷23 ➡ 15<23이므로 몫이 한 자리 수입니다.
825÷44 ➡ 82>44이므로 몫이 두 자리 수입니다.
107÷11 ➡ 10<11이므로 몫이 한 자리 수입니다.
369÷38 ➡ 36<38이므로 몫이 한 자리 수입니다.

12

$$24 \overline{)632} \quad 56 \overline{)904} \quad 31 \overline{)995}$$
(몫 **26**) (몫 **16**) (몫 **32**)
$$\underline{48} \qquad \underline{56} \qquad \underline{93}$$
$$152 \qquad 344 \qquad 65$$
$$\underline{144} \qquad \underline{336} \qquad \underline{62}$$
$$8 \qquad\quad 8 \qquad\quad 3$$

➡ 나머지가 8, 8, 3이므로 나머지가 다른 하나는 995÷31입니다.

13

$$13 \overline{)254} \quad 33 \overline{)804}$$
(몫 **19**) (몫 **24**)
$$\underline{13} \qquad \underline{66}$$
$$124 \qquad 144$$
$$\underline{117} \qquad \underline{132}$$
$$7 \leftarrow 나머지 \quad 12 \leftarrow 나머지$$

14 875÷65=13…30
➡ 상자를 13개까지 포장할 수 있고, 30 cm가 남습니다.

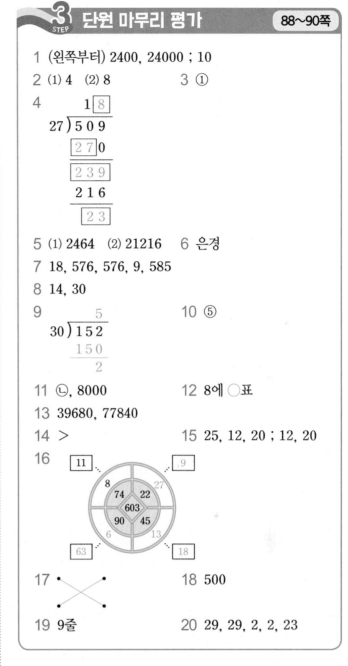

1 (왼쪽부터) 2400, 24000 ; 10
2 (1) 4　(2) 8　　　　**3** ①
4

$$27 \overline{)509}$$
(몫 1 **8**)
$$\underline{27\,0}$$
$$2\,3\,9$$
$$216$$
$$2\,3$$

5 (1) 2464　(2) 21216　**6** 은경
7 18, 576, 576, 9, 585
8 14, 30
9

$$30 \overline{)152}$$
(몫 5)
$$\underline{150}$$
$$2$$

10 ⑤
11 ㉡, 8000　　　**12** 8에 ○표
13 39680, 77840
14 >　　　　　**15** 25, 12, 20 ; 12, 20
16

원 안: 74, 22, 603, 90, 45
주변: 11, 9, 8, 27, 6, 13, 63, 18

17 (선으로 X 모양 연결)　**18** 500
19 9줄　　　　　**20** 29, 29, 2, 2, 23

---

1 (몇백)×(몇십)은 (몇백)×(몇)의 10배입니다.

2 생각 열기 나누어지는 수와 나누는 수의 0을 1개씩 지운 계산을 생각합니다.
(1) 240̸÷60̸=4
(2) 720̸÷90̸=8

3

$$\begin{array}{r} 2\,0\,0 \\ \times\ 5\,0 \\ \hline 1\,0\,0\,0\,0 \end{array}$$

0이 3개
2×5=10

➡ 1은 ⑦에 써야 합니다.

4

$$27 \overline{\smash{)}509} ^{18}$$

$270 \leftarrow 27 \times 10 = 270$
$\overline{239} \leftarrow 509 - 270 = 239$
$216 \leftarrow 27 \times 8 = 216$
$\overline{23} \leftarrow 239 - 216 = 23$

5 (1)

$$\begin{array}{r} 154 \\ \times 16 \\ \hline 924 \\ 1540 \\ \hline 2464 \end{array}$$
$\leftarrow 154 \times 6$
$\leftarrow 154 \times 10$

(2)

$$\begin{array}{r} 408 \\ \times 52 \\ \hline 816 \\ 20400 \\ \hline 21216 \end{array}$$
$\leftarrow 408 \times 2$
$\leftarrow 408 \times 50$

6 민정이의 계산에서 나머지 33이 나누는 수 24보다 크므로 몫을 더 크게 해야 합니다.

$$\Rightarrow 24 \overline{\smash{)}81} ^{3}$$
$\underline{72}$
9

7 $585 \div 32 = 18 \cdots 9$

확인 $32 \times 18 = 576, \ 576 + 9 = 585$

나누는 수 ─ 몫 ─ 나머지 ─ 나누어지는 수

8

$$35 \overline{\smash{)}520} ^{14}$$
$\underline{35}$
170
$\underline{140}$
30

9 나머지 32가 나누는 수 30보다 크므로 몫을 1 크게 하여 계산합니다.

10 ① $600 \times 9 = 5400$ ② $90 \times 60 = 5400$
③ $60 \times 90 = 5400$ ④ $6 \times 900 = 5400$
⑤ $900 \times 60 = 54000$

11 $200 \times 4 = 800$ ┐ 10배
$200 \times 40 = 8000$ ┘

12 483을 480으로 생각하면 $480 \div 60 = 8$이 됩니다.

13 $496 \times 8 = 3968$ ┐ 10배
$496 \times 80 = 39680$ ┘

$973 \times 8 = 7784$ ┐ 10배
$973 \times 80 = 77840$ ┘

14

$$72 \overline{\smash{)}523} ^{7}$$
$\underline{504}$
19

$$43 \overline{\smash{)}299} ^{6}$$
$\underline{258}$
41

⇨ 몫은 7, 6이므로 몫의 크기를 비교하면 7 > 6입니다.

15 서술형 가이드 나눗셈식을 완성하고 답을 바르게 구했는지 확인합니다.

채점 기준	식을 완성하고 답을 바르게 구함.	상
	식을 완성했지만 답이 틀림.	중
	식을 완성하지 못하고 답도 틀림.	하

16

$$22 \overline{\smash{)}603} ^{27}$$
$\underline{44}$
163
$\underline{154}$
9

$$90 \overline{\smash{)}603} ^{6}$$
$\underline{540}$
63

$$45 \overline{\smash{)}603} ^{13}$$
$\underline{45}$
153
$\underline{135}$
18

17

$$33 \overline{\smash{)}133} ^{4}$$
$\underline{132}$
1

$$27 \overline{\smash{)}305} ^{11}$$
$\underline{27}$
35
$\underline{27}$
8

$$39 \overline{\smash{)}455} ^{11}$$
$\underline{39}$
65
$\underline{39}$
26

$$95 \overline{\smash{)}443} ^{4}$$
$\underline{380}$
63

18 $5 \times 6 = 30$이고 곱이 30000이 되려면 0이 3개 더 있어야 합니다.

⇨ $500 \times 60 = 30000$

19 (필요한 그림 수) ÷ (한 줄에 놓는 그림 수)
$= 180 \div 20 = 9$(줄)

20 서술형 가이드 다시 계산하지 않고 몫을 바르게 구하는 방법을 완성했는지 확인합니다.

채점 기준	빈칸에 알맞은 수를 써넣어 방법을 완성함.	상
	빈칸에 수를 써넣었으나 일부가 틀림.	중
	빈칸에 수를 써넣지 못함.	하

마무리 개념완성 **91쪽**

❶ ○ ❷ ×
❸ 4 ❹ 3090, 3708
❺ ○ ❻ ×
❼ 크게에 ○표
❽ 16 ; 16, 544, 544, 555

4. 평면도형의 이동

97쪽

1 (1) 위쪽에 ◯표 (2) 왼쪽에 ◯표 (3) 오른쪽에 ◯표
2 (1) 수박 (2) 사과 (3) 바나나
3 ㄷ   **4** 9, 3

1 (1) 바둑돌을 위쪽으로 4칸 이동하면 점 ㄱ에 도착합니다.
　　(2) 바둑돌을 왼쪽으로 5칸 이동하면 점 ㄴ에 도착합니다.
　　(3) 바둑돌을 오른쪽으로 5칸 이동하면 점 ㄷ에 도착합니다.

2 (1) 아래쪽으로 3칸, 오른쪽으로 5칸 이동하면 수박에 도착합니다.
　　(2) 위쪽으로 2칸, 오른쪽으로 4칸 이동하면 사과에 도착합니다.
　　(3) 아래쪽으로 2칸, 왼쪽으로 5칸 이동하면 바나나에 도착합니다.

3 점 ㄱ을 오른쪽으로 6 cm, 위쪽으로 4 cm 이동하면 점 ㄷ에 도착합니다.

4 점 ㄱ을 왼쪽으로 9 cm, 아래쪽으로 3 cm 이동하면 점 ㄹ에 도착합니다.

99쪽

1 (1) (◯) (　　) (2) (◯) (　　)
2 다
3
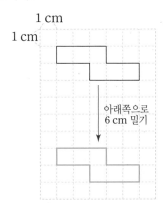
4

1 미는 방향과 상관없이 기타 모양은 변하지 않습니다.

2 모양 조각을 어느 방향으로 밀어도 모양은 그대로입니다.

3 도형의 모양은 그대로이고, 도형의 위치가 왼쪽으로 7 cm 이동합니다.

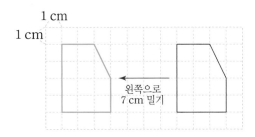

4 도형의 모양은 그대로이고, 도형의 위치가 아래쪽으로 6 cm 이동합니다.

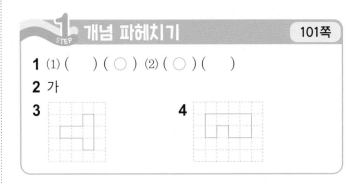

101쪽

1 (1) (　　) (◯) (2) (◯) (　　)
2 가
3　　　　　　　　**4**

1 (1) 오른쪽으로 뒤집으면 모양의 왼쪽과 오른쪽이 서로 바뀝니다.
　　(2) 아래쪽으로 뒤집으면 모양의 위쪽과 아래쪽이 서로 바뀝니다.

2 모양 조각을 위쪽으로 뒤집으면 조각의 모양은 위쪽과 아래쪽이 서로 바뀝니다.

3 도형을 오른쪽으로 뒤집으면 도형의 왼쪽과 오른쪽이 서로 바뀝니다.

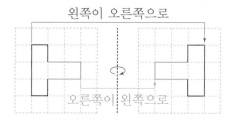

왼쪽이 오른쪽으로

오른쪽이 왼쪽으로

4 도형을 아래쪽으로 뒤집으면 도형의 위쪽과 아래쪽이 서로 바뀝니다.

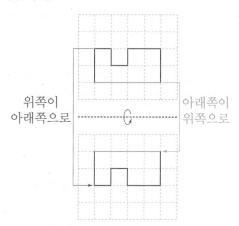

위쪽이 아래쪽으로

아래쪽이 위쪽으로

STEP 2 개념 확인하기

102~103쪽

개념1 4, 2

1 점 ㄹ에 ○표

2 점 ㄷ에 ○표

3 3, 왼, 4

개념2 변하지 않습니다에 ○표

4 변합니다에 ○표

5

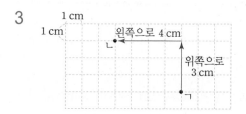
1 cm
1 cm

6 위, 5

7 ⑤

8

1 cm
1 cm

개념3 오른, 아래

9 (○) ( )

10 오른쪽에 ○표

11 위쪽에 ○표

12

13 (1) ✕ (2) ○

1 점 ㄱ을 오른쪽으로 5 cm, 위쪽으로 2 cm 이동하면 점 ㄹ에 도착합니다.

2 점 ㄱ을 왼쪽으로 3 cm, 아래쪽으로 1 cm 이동하면 점 ㄷ에 도착합니다.

3
1 cm
1 cm
ㄴ ← 왼쪽으로 4 cm
위쪽으로 3 cm
ㄱ

4 도형을 밀면 민 방향과 길이만큼 도형의 위치가 변합니다.

5
1 cm
1 cm
오른쪽으로 7 cm 밀기

⇨ 도형을 오른쪽으로 7 cm 밀면 도형의 모양은 그대로이고, 도형의 위치만 오른쪽으로 7 cm 이동합니다.

6 주의 도형 사이의 거리를 이동한 거리라고 생각하여 위쪽으로 3 cm 밀었다고 생각하면 안 됩니다.

7 어느 도형을 밀어도 모양은 변하지 않으므로 밀었을 때 모양이 변하는 도형은 없습니다.

8 도형을 오른쪽으로 4 cm 밀기 → ㉠
㉠을 아래쪽으로 2 cm 밀기 → ㉡

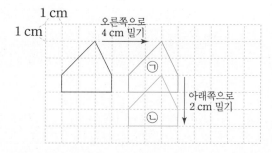
1 cm
1 cm
오른쪽으로 4 cm 밀기
㉠
아래쪽으로 2 cm 밀기
㉡

9 도형을 위쪽으로 뒤집으면 도형의 위쪽 과 아래쪽이 서로 바뀝니다.

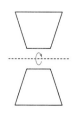

10 퍼즐 조각의 왼쪽과 오른쪽이 서로 바뀌었으므로 오른 쪽으로 뒤집었습니다.

11 퍼즐 조각의 위쪽과 아래쪽이 서로 바뀌었으므로 위쪽 으로 뒤집었습니다.

12 도형을 오른쪽으로 뒤집으면 도형의 오른쪽과 왼쪽이 서로 바뀝니다.

13 (1) 도형을 아래쪽으로 2번 뒤집으면 처음 도형과 같아 집니다. 따라서 도형을 아래쪽으로 3번 뒤집었을 때의 도형은 도형을 아래쪽으로 1번 뒤집었을 때의 도형과 같습니다.
(2) 도형을 위쪽으로 뒤집었을 때와 아래쪽으로 뒤집었 을 때 모두 위쪽과 아래쪽이 서로 바뀝니다.

STEP 1 개념 파헤치기   105쪽

1 (1) (◯) (　　) (2) (　　) (◯)
2 (　　) (　　) (　　) (◯)
3 180   **4**

1 (1) 시계 방향으로 90°만큼 돌리면 위쪽 부분이 오른쪽 으로 이동합니다.
(2) 시계 반대 방향으로 90°만큼 돌리면 위쪽 부분이 왼쪽으로 이동합니다.

2 모양 조각을 시계 방향으로 180°만큼 돌리면 모양 조 각의 위쪽 부분이 아래쪽으로 이동합니다.
모양 조각의 사각형 부분이 아래쪽에 있는 모양을 찾 습니다.

3 위쪽 부분이 아래쪽으로 이동했으므로 도형을 시계 반 대 방향으로 180°만큼 돌리기를 하였습니다.

4 도형을 시계 방향으로 90°만큼 돌리면 도형의 위쪽 부 분이 오른쪽, 오른쪽 부분이 아래쪽, 아래쪽 부분이 왼 쪽, 왼쪽 부분이 위쪽으로 이동합니다.

STEP 1 개념 파헤치기   107쪽

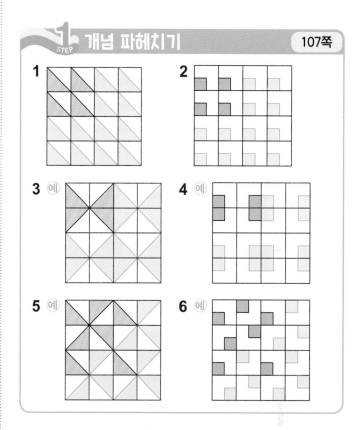

1 1
2 2
3 예
4 예
5 예
6 예

1 생각 열기 도형을 어느 방향으로 밀어도 모양은 그대로입니다.

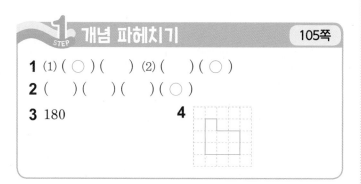

오른쪽과 아래쪽으로
밀기를 반복하여
모양 만들기

만든 모양과 같은 방법으로
무늬 만들기

2

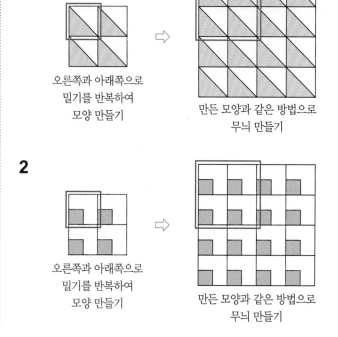

오른쪽과 아래쪽으로
밀기를 반복하여
모양 만들기

만든 모양과 같은 방법으로
무늬 만들기

꼼꼼 풀이집

3 생각 열기 오른쪽, 아래쪽으로 갈 때마다 뒤집는 규칙으로 무늬를 만들어 봅니다.

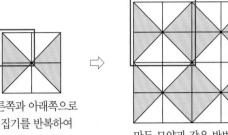

오른쪽과 아래쪽으로
뒤집기를 반복하여
모양 만들기

만든 모양과 같은 방법으로
무늬 만들기

4

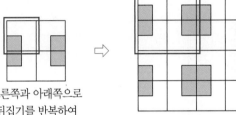

오른쪽과 아래쪽으로
뒤집기를 반복하여
모양 만들기

만든 모양과 같은 방법으로
무늬 만들기

5 생각 열기 1, 2, 3, 4의 순서대로 시계 방향으로 90°만큼 돌리는 규칙으로 무늬를 만들어 봅니다.

 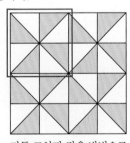

시계 방향으로 90°만큼
돌리기를 반복하여
모양 만들기

만든 모양과 같은 방법으로
무늬 만들기

6

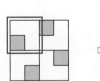 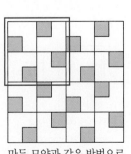

시계 방향으로 90°만큼
돌리기를 반복하여
모양 만들기

만든 모양과 같은 방법으로
무늬 만들기

2 STEP 개념 확인하기 108~109쪽

개념4 오른, 아래

1 나

2 ( ) (○)

3 ①

4 시계, 270 또는 시계 반대, 90

5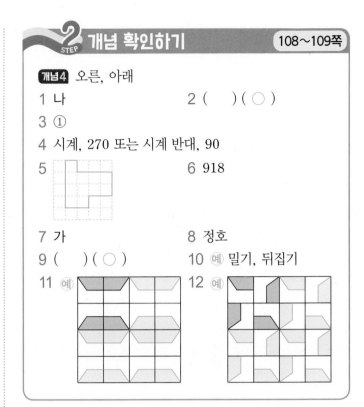

6 918

7 가

8 정호

9 ( ) (○)

10 예 밀기, 뒤집기

11 예

12 예

1 모양 조각을 시계 방향으로 180°만큼 돌리면 모양 조각의 왼쪽 부분이 오른쪽으로 이동합니다.
모양 조각의 파란색 사각형이 오른쪽으로 이동한 모양은 나입니다.

2 도형을 시계 반대 방향으로 90°만큼 돌리면 도형의 위쪽 부분이 왼쪽, 왼쪽 부분이 아래쪽, 아래쪽 부분이 오른쪽, 오른쪽 부분이 위쪽으로 이동합니다.

3 시계 방향으로 270°만큼 돌렸을 때의 도형과 시계 반대 방향으로 90°만큼 돌렸을 때의 도형은 항상 서로 같습니다.

4 도형의 위쪽 부분이 왼쪽으로 이동하였으므로 시계 방향으로 270° 또는 시계 반대 방향으로 90°만큼 돌렸습니다.

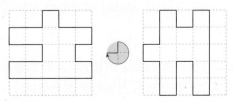

참고 • (시계 방향으로 90°만큼 돌리기)
＝(시계 반대 방향으로 270°만큼 돌리기)

• (시계 방향으로 180°만큼 돌리기)
＝(시계 반대 방향으로 180°만큼 돌리기)

• (시계 방향으로 270°만큼 돌리기)
＝(시계 반대 방향으로 90°만큼 돌리기)

• (시계 방향으로 360°만큼 돌리기)
＝(시계 반대 방향으로 360°만큼 돌리기)

5 도형을 시계 반대 방향으로 180°만큼 돌리면 도형의 위쪽 부분이 아래쪽, 왼쪽 부분이 오른쪽, 아래쪽 부분이 위쪽, 오른쪽 부분이 왼쪽으로 이동합니다.

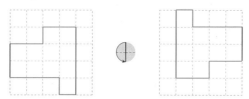

6

816 ⊕ 918

⇨ 시계 방향으로 180°만큼 돌리면 918이 됩니다.

7 가: 주어진 모양을 오른쪽으로 밀어서 모양을 만든 후, 그 모양을 아래쪽으로 밀었습니다.
나: 주어진 모양을 오른쪽으로 뒤집어서 모양을 만든 후, 그 모양을 아래쪽으로 뒤집었습니다.
다: 주어진 모양을 시계 방향으로 90°만큼씩 돌리기를 했습니다.

8 ◤ 모양을 오른쪽으로 뒤집기를 반복하여 모양을 만든 후, 그 모양을 아래쪽으로 뒤집기를 하여 무늬를 만들었습니다.

9 왼쪽 그림은 밀기를, 오른쪽 그림은 돌리기를 이용한 것입니다.

11 오른쪽, 아래쪽으로 갈 때마다 뒤집는 규칙으로 무늬를 만듭니다.

12

1	2
4	3

1, 2, 3, 4의 순서대로 시계 방향으로 90°만큼 돌리는 규칙으로 무늬를 만듭니다.

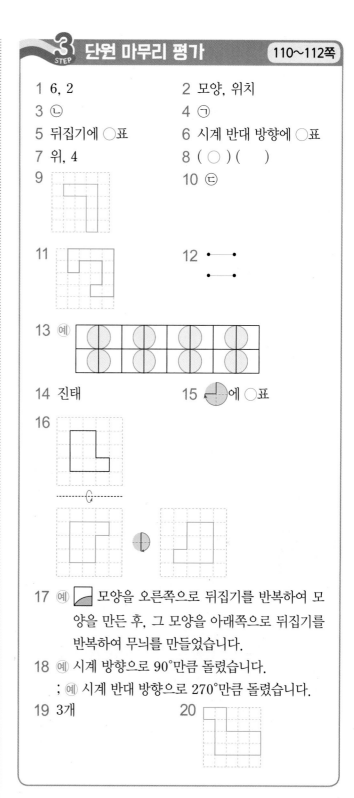

1 점 ㄱ을 오른쪽으로 6 cm, 아래쪽으로 2 cm 이동하면 점 ㄴ에 도착합니다.

2 도형을 밀면 모양은 변하지 않고 위치만 변합니다.

3 모양 조각을 시계 방향으로 90°만큼 돌리면 위쪽 부분이 오른쪽으로 이동합니다. 모양 조각의 사각형 부분이 오른쪽으로 이동한 모양은 ㉡입니다.

4 도형을 아래쪽으로 뒤집으면 도형의 위쪽과 아래쪽이 서로 바뀝니다.

5 ㉯ 도형은 ㉮ 도형의 오른쪽과 왼쪽이 서로 바뀐 것이므로 ㉮ 도형을 오른쪽으로 뒤집기를 하면 ㉯ 도형이 됩니다.

6 ㉰ 도형은 ㉯ 도형의 위쪽 부분이 왼쪽으로 이동했으므로 ㉯ 도형을 시계 반대 방향으로 90°만큼 돌리면 ㉰ 도형이 됩니다.

7
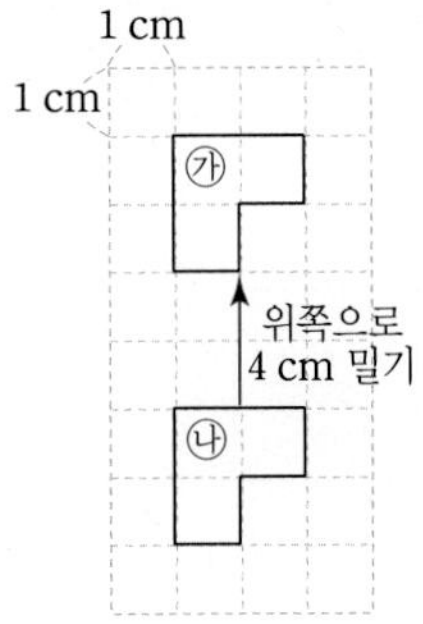

㉯ 도형을 위쪽으로 4 cm만큼 밀면 ㉮ 도형이 됩니다.

8 • 왼쪽 무늬: 뒤집기를 이용하여 무늬를 만들었습니다.

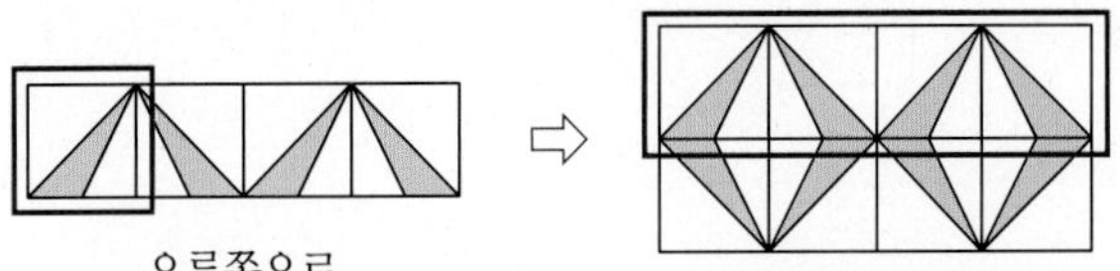

오른쪽으로 뒤집기를 반복하여 모양 만들기 ⇨ 만든 모양을 아래쪽으로 뒤집기를 하여 무늬 만들기

• 오른쪽 무늬: 돌리기를 이용하여 무늬를 만들었습니다.

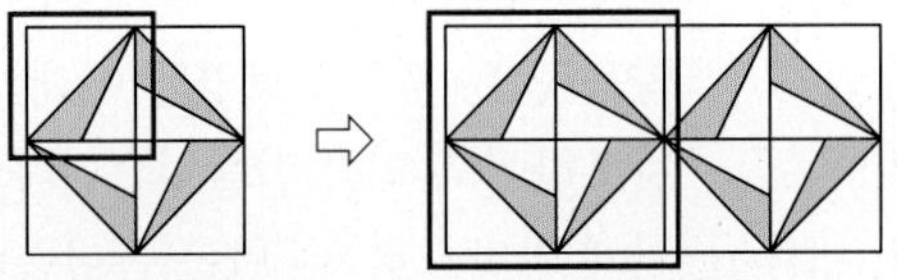

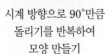

시계 방향으로 90°만큼 돌리기를 반복하여 모양 만들기 ⇨ 만든 모양을 오른쪽으로 밀기를 하여 무늬 만들기

9 도형을 오른쪽으로 뒤집으면 도형의 오른쪽과 왼쪽이 서로 바뀝니다.

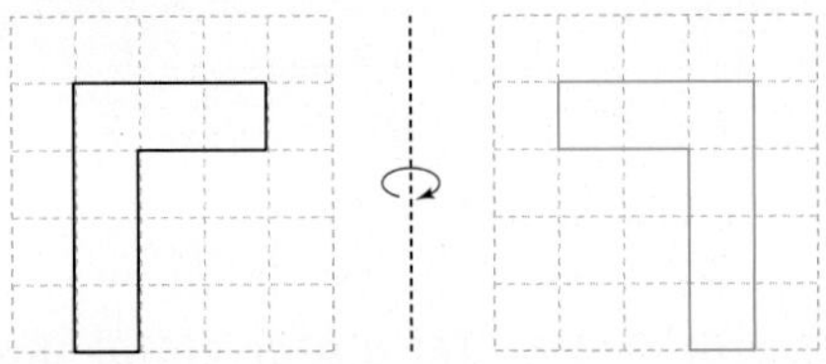

10 도형을 밀면 위치만 바뀌고 모양은 그대로입니다.

11 도형의 위쪽 부분이 왼쪽으로 이동하도록 도형을 그립니다.

12
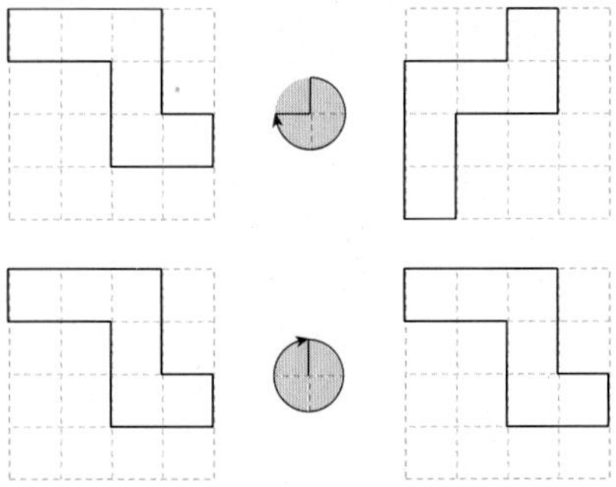

13 여러 가지 방법으로 무늬를 만들어 봅니다.

14 사진의 위쪽 부분이 왼쪽으로 이동했으므로 시계 반대 방향으로 90°만큼 돌렸습니다.

15 도형의 위쪽 부분이 왼쪽으로 이동했으므로 시계 방향으로 270°만큼 돌렸습니다.

16 도형을 아래쪽으로 뒤집으면 도형의 위쪽과 아래쪽이 서로 바뀝니다.
도형을 시계 방향으로 180°만큼 돌리면 위쪽 부분이 아래쪽으로 이동합니다.

17 서술형 가이드 주어진 모양으로 밀기, 뒤집기, 돌리기를 이용하여 무늬를 만든 방법을 바르게 설명했는지 확인합니다.

채점 기준	무늬를 만든 방법을 바르게 설명함.	상
	무늬를 만든 방법을 설명했으나 미흡함.	중
	무늬를 만든 방법을 설명하지 못함.	하

18 서술형 가이드 주어진 모양을 돌리기를 이용하여 이동한 방법을 2가지 썼는지 확인합니다.

채점 기준	주어진 모양을 돌리기를 이용하여 이동한 방법을 2가지 썼음.	상
	주어진 모양을 돌리기를 이용하여 이동한 방법을 1가지 썼음.	중
	주어진 모양을 돌리기를 이용하여 이동한 방법을 쓰지 못함.	하

19 주어진 글자를 아래쪽으로 뒤집으면 다음과 같습니다.

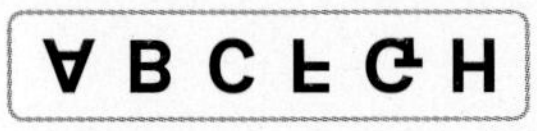

⇨ 처음과 같은 글자는 **B**, **C**, **H**로 모두 3개입니다.

20 오른쪽 도형을 시계 방향으로 90°만큼 돌리면 처음 도형이 됩니다.

마무리 개념완성 113쪽

❶ ○ ❷ ×
❸ × ❹ ○
❺ 아래 ❻ 270
❼ ×

5. 막대그래프

STEP1 개념 파헤치기　　117쪽

1 동물, 학생 수　　　**2** 1명
3 학생 수, 과일　　　**4** 좋아하는 과일별 학생 수

1 그래프의 가로는 동물, 세로는 학생 수를 나타냅니다.

2 세로 눈금 5칸이 5명을 나타내므로 세로 눈금 한 칸은 1명을 나타냅니다.

3 그래프의 가로는 학생 수, 세로는 과일을 나타냅니다.

4 그래프에서 막대의 길이는 좋아하는 과일별 학생 수를 나타냅니다.

STEP1 개념 파헤치기　　119쪽

1 책 수　　　　　**2** 8칸

3

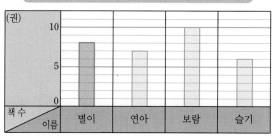

별이네 모둠 학생별 한 달 동안 읽은 책 수

4

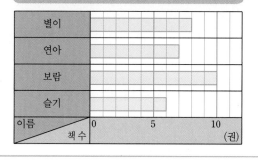

별이네 모둠 학생별 한 달 동안 읽은 책 수

1 막대그래프의 가로에 이름을 나타낸다면 세로에는 책 수를 나타내야 합니다.

2 세로 눈금 한 칸이 1권을 나타내므로 8권은 8칸으로 그려야 합니다.

3 막대의 길이를 연아는 7칸, 보람이는 10칸, 슬기는 6칸 으로 그립니다.

4 가로에는 책 수, 세로에는 이름을 나타낸 막대그래프 입니다.
가로 눈금 한 칸이 1권을 나타내므로 막대의 길이를 별이는 8칸, 연아는 7칸, 보람이는 10칸, 슬기는 6칸 으로 그립니다.

STEP2 개념 확인하기　　120~121쪽

개념1 막대그래프

1 학생 수, 꽃　　　**2** 좋아하는 꽃별 학생 수
3 1명　　　　　　**4** 색깔, 옷 수
5 2벌　　　　　　**6** ㉠

7

좋아하는 음식별 학생 수

8 예

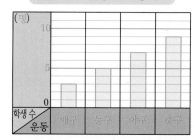

좋아하는 운동별 학생 수

9 나무 수

10 예

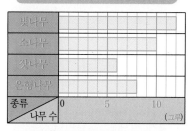

공원에 있는 종류별 나무 수

11 예

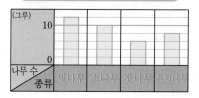

공원에 있는 종류별 나무 수

1 가로는 학생 수, 세로는 꽃을 나타내고 있습니다.

2 그래프에서 막대의 길이는 좋아하는 꽃별 학생 수를 나타냅니다.

3 가로 눈금 5칸이 5명을 나타내므로 가로 눈금 한 칸은 1명을 나타냅니다.

4 가로는 색깔, 세로는 옷 수를 나타내고 있습니다.

5 세로 눈금 5칸이 10벌을 나타내므로 세로 눈금 한 칸은 2벌을 나타냅니다.

6 막대그래프에서 전체 옷 수를 알아보려면 각각의 항목의 수를 알아본 다음 합을 구해야 하므로 알아보기 쉽지 않습니다.
표에서 합계를 보면 전체 옷 수를 알아보기 편리합니다.
참고 표도 자료의 수의 크기를 비교하여 가장 많은 옷의 색깔을 알아볼 수 있지만 한눈에 알아보기 더 편리한 것은 막대그래프입니다.

7 생각 열기 세로 눈금 한 칸이 1명을 나타냅니다.
햄버거를 좋아하는 학생은 5명이므로 5칸, 라면을 좋아하는 학생은 7명이므로 7칸으로 그립니다.

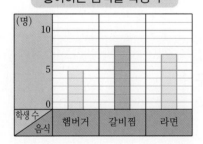

좋아하는 음식별 학생 수

8 ① 가로에 운동 종류를 씁니다.
② 세로 눈금 한 칸의 크기를 정하고 눈금과 단위를 씁니다.
③ 학생 수에 맞게 막대를 그립니다.

9 세로에 나무 종류를 나타낸다면 가로에는 나무 수를 나타내야 합니다.
참고 나무 수를 가로에 나타내면 막대를 가로로 나타낸 그래프가 되고, 나무 수를 세로에 나타내면 막대를 세로로 나타낸 그래프가 됩니다.

10 가로 눈금 한 칸이 1그루를 나타내게 하면 벚나무는 12칸, 소나무는 10칸, 잣나무는 6칸, 은행나무는 8칸으로 그립니다.

11 세로 눈금 5칸이 10그루를 나타내므로 세로 눈금 한 칸은 2그루를 나타냅니다.
➡ 벚나무는 6칸, 소나무는 5칸, 잣나무는 3칸, 은행나무는 4칸으로 그립니다.

개념 파헤치기 STEP 1   123쪽

1 장래 희망, 학생 수   **2** 연예인
3 국어   **4** 사회
5 1명   **6** 6명
7 8명

2 생각 열기 수량이 가장 많은 항목은 막대가 가장 깁니다.
길이가 가장 긴 막대를 찾으면 연예인입니다.

3 길이가 가장 긴 막대를 찾으면 국어입니다.

4 생각 열기 수량이 가장 적은 항목은 막대가 가장 짧습니다.
길이가 가장 짧은 막대를 찾으면 사회입니다.

5 가로 눈금 5칸이 5명을 나타내므로 가로 눈금 한 칸은 1명을 나타냅니다.

6 막대의 길이가 6칸이므로 수학을 좋아하는 학생은 6명입니다.

7 막대의 길이가 8칸이므로 과학을 좋아하는 학생은 8명입니다.

개념 파헤치기 STEP 1   125쪽

1 10, 12, 8, 10, 40
;

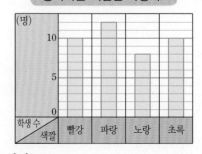

좋아하는 색깔별 학생 수

2 파랑

3 13, 10, 10, 3, 36

;

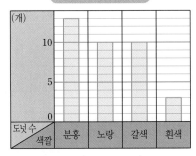
색깔별 도넛 수

4 노랑, 갈색

1 좋아하는 색깔별 학생 수를 세어 보면 빨강은 10명, 파랑은 12명, 노랑은 8명, 초록은 10명입니다.
(합계)=10+12+8+10=40(명)
⇨ 세로 눈금 한 칸이 1명을 나타내므로 빨강은 10칸, 파랑은 12칸, 노랑은 8칸, 초록은 10칸으로 그립니다.

2 길이가 가장 긴 막대를 찾으면 파랑입니다.

3 색깔별 도넛 수를 세어 보면 분홍은 13개, 노랑은 10개, 갈색은 10개, 흰색은 3개입니다.
(합계)=13+10+10+3=36(개)
⇨ 세로 눈금 한 칸이 1개를 나타내므로 분홍은 13칸, 노랑은 10칸, 갈색은 10칸, 흰색은 3칸으로 그립니다.

4 길이가 같은 막대를 찾으면 노랑과 갈색입니다.

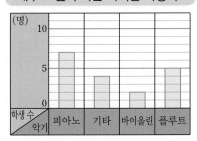
STEP 2 **개념 확인하기** 126~127쪽

개념3 많습니다에 ○표, 적습니다에 ○표

1 8명 **2** 국어

3 10명 **4** 딸기 맛

5 초코 맛, 딸기 맛 **6** 4개

7 예 딸기 맛

; 예 오늘 딸기 맛이 가장 많이 팔렸기 때문입니다.

8 7, 4, 2, 5, 18

9 배우고 싶어 하는 악기별 학생 수

10 예 피아노 **11** 7, 9, 6, 4, 6, 32

12 일주일 동안 버려진 쓰레기의 양

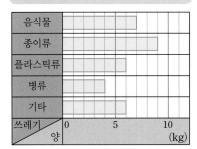

13 예 가장 많은 쓰레기는 종이류입니다.

1 음악을 나타내는 막대의 길이가 8칸이므로 8명입니다.

2 막대의 길이가 7칸인 과목을 찾으면 국어입니다.

3 막대가 가장 긴 것을 찾으면 수학이고, 수학을 좋아하는 학생은 10명입니다.

4 막대의 길이가 가장 긴 것을 찾으면 딸기 맛입니다.

5 막대의 길이가 바닐라 맛보다 더 긴 것을 모두 찾으면 초코 맛, 딸기 맛입니다.
다른 풀이 초코 맛: 8개, 딸기 맛: 11개, 바닐라 맛: 5개, 커피 맛: 4개입니다.
11>8>5>4이므로 바닐라 맛보다 더 많이 팔린 것은 딸기 초코 바닐라
딸기 맛과 초코 맛입니다.

6 초코 맛은 8개 팔렸고 커피 맛은 4개 팔렸습니다.
⇨ 초코 맛은 커피 맛보다 8-4=4(개) 더 많이 팔렸습니다.

7 서술형 가이드 맛의 종류를 쓰고 알맞은 이유를 썼는지 확인합니다.

채점 기준	맛의 종류를 쓰고 그 이유를 바르게 썼음.	상
	맛의 종류를 썼으나 그 이유를 쓰지 못함.	중
	맛의 종류와 이유를 모두 쓰지 못함.	하

8 각각의 악기에 서 있는 학생의 수를 세어 봅니다.

9 세로 눈금 한 칸은 1명을 나타냅니다.
⇨ 피아노는 7칸, 기타는 4칸, 바이올린은 2칸, 플루트는 5칸으로 그립니다.

10 가장 많은 학생이 배우고 싶어 하는 악기가 피아노이 므로 피아노를 가장 많이 준비하는 것이 좋습니다.

11 각각의 쓰레기의 양은 몇 kg인지 알아보고 합계를 구 합니다.
(합계)=7+9+6+4+6=32 (kg)

13 • 가장 적은 쓰레기는 병류입니다.
• 종이류 쓰레기는 9 kg입니다. 등

서술형 가이드 막대그래프를 보고 알 수 있는 내용을 바르 게 썼는지 확인합니다.

채점 기준	막대그래프를 보고 알 수 있는 내용을 바르게 씀.	상
	막대그래프를 보고 알 수 있는 내용을 썼으나 미흡함.	중
	막대그래프를 보고 알 수 있는 내용을 쓰지 못함.	하

3 STEP 단원 마무리 평가　128~130쪽

1 11, 8, 10, 5, 34　　　**2** 11칸

3

좋아하는 색깔별 학생 수

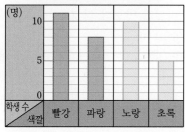

4 예 가장 많은 학생이 좋아하는 색깔을 한눈에 알아 보기 편리합니다.

5 위인, 학생 수　　　**6** 세종대왕

7 안중근　　　　　　**8** ㉡

9

좋아하는 음악별 학생 수

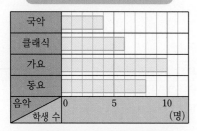

10

좋아하는 음악별 학생 수

11 동요　　　　　　　**12** 5, 10

13

관찰하는 퇴적암의 종류별 학생 수

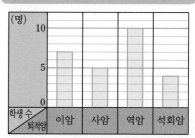

14 역암　　　**15** 미술관　　　**16** 2배

17 예 동물원 ; 예 가장 많은 학생이 가고 싶어 하는 곳이 동물원이기 때문입니다.

18 4명　　　　　**19** 경주, 부산, 전주, 강릉

20 전주

---

1 각각의 색깔에 붙어 있는 붙임딱지의 수를 세어 보면 빨강: 11명, 파랑: 8명, 노랑: 10명, 초록: 5명입니다.
⇨ (합계)=11+8+10+5=34(명)

2 세로 눈금 한 칸이 1명을 나타내므로 11명은 11칸이 됩니다.

3 막대의 길이가 노랑은 10칸, 초록은 5칸인 막대를 각 각 그립니다.

4 서술형 가이드 막대그래프로 나타냈을 때 좋은 점을 쓸 수 있는지 확인합니다.

채점 기준	막대그래프로 나타냈을 때 좋은 점을 썼음.	상
	막대그래프로 나타냈을 때 좋은 점을 썼으나 미흡함.	중
	막대그래프로 나타냈을 때 좋은 점을 쓰지 못함.	하

5 막대그래프에서 가로는 위인을, 세로는 학생 수를 나 타내고 있습니다.

6 막대의 길이가 가장 긴 것은 세종대왕입니다.

7 막대의 길이가 가장 짧은 것은 안중근입니다.

8 ㉡ 세종대왕을 존경하는 학생은 10명이고, 유관순을 존경하는 학생은 6명입니다.
⇨ 10명은 6명의 2배가 아닙니다.

9 가로 눈금 5칸이 5명을 나타내므로 가로 눈금 한 칸은 1명을 나타냅니다.
⇨ 국악은 4칸, 클래식은 6칸, 가요는 10칸, 동요는 8칸 으로 그립니다.

10 세로 눈금 한 칸이 2명을 나타내므로 국악은 2칸, 클래 식은 3칸, 가요는 5칸, 동요는 4칸으로 그립니다.

11 막대의 길이가 두 번째로 긴 것은 동요입니다.

12 사암과 역암을 관찰하는 학생 수의 합은
26−7−4=15(명)입니다.
사암을 관찰하는 학생 수를 □명이라 하면 역암을 관찰하는 학생 수는 (□+□)명입니다.
⇨ □+□+□=15, □=5
　사암　역암
사암을 관찰하는 학생이 5명이므로 역암을 관찰하는 학생은 5+5=10(명)입니다.
참고 표에서 2개의 자료의 수를 모를 때 문제 푸는 방법은 다음과 같습니다.
① 합계를 이용하여 2개의 자료의 합을 구합니다.
② 크기를 비교한 것을 보고 □를 사용하여 두 수를 나타냅니다.
③ 두 자료의 합을 이용하여 □를 구합니다.
④ 두 자료의 수를 각각 구합니다.

13 이암은 7칸, 사암은 5칸, 역암은 10칸, 석회암은 4칸으로 그립니다.

14 가장 긴 막대가 역암이므로 역암을 가장 많은 학생이 관찰하고 있습니다.

15 막대의 길이가 가장 짧은 것은 미술관입니다.

16 남산에 가 보고 싶어 하는 학생은 6명이고, 미술관에 가 보고 싶어 하는 학생은 3명입니다.
⇨ 6÷3=2(배)

17 **서술형 가이드** 현장 학습으로 가면 좋을 장소를 쓰고 이유를 설명할 수 있는지 확인합니다.

채점기준		
장소를 쓰고 그 이유를 썼음.	상
장소를 썼으나 그 이유를 쓰지 못함.	중
장소와 이유를 모두 쓰지 못함.	하

18 부산: 9명, 전주: 5명 ⇨ 9−5=4(명)

19 막대의 길이가 긴 것부터 차례로 씁니다.

20 막대의 길이가 강릉보다 길고 부산보다 짧은 것은 전주입니다.

마무리 개념완성 131쪽

❶ 막대그래프　　❷ ×
❸ ○　　❹ 탄산음료
❺ 두유　　❻ 2
❼ 2

6. 규칙 찾기

STEP1 개념 파헤치기 135쪽

1 100　　**2** 20
3 120　　**4** 4
5
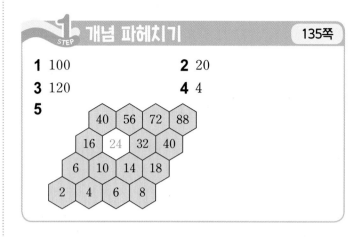

1 1501−1601−1701−1801−1901
→ 방향으로 100씩 커집니다.

2 1501−1521−1541−1561−1581
↓ 방향으로 20씩 커집니다.

3 1501−1621−1741−1861−1981
↘ 방향으로 120씩 커집니다.

4 • 아래에서 첫 번째 줄
2−4−6−8
→ 방향으로 2씩 커집니다.
• 아래에서 두 번째 줄
6−10−14−18
→ 방향으로 4씩 커집니다.

5 모양에서 아래에 있는 두 수의 합은 위에 있는 수와 같습니다.
⇨ 10+14=24
다른 풀이 아래에서 세 번째 줄은 → 방향으로 8씩 커지는 규칙입니다.
⇨ 빈칸에 알맞은 수는 16보다 8만큼 더 큰 수이므로 16+8=24입니다.

STEP1 개념 파헤치기 137쪽

1 6, 8 ; 2　　**2** 10개 ;
3 7, 10 ; 3　　**4** 13개 ; (　)(○)

1 배열에 사용된 원의 수가 첫째는 2개, 둘째는 4개, 셋째는 6개, 넷째는 8개로 2개씩 늘어나고 있습니다.

2 다섯째는 넷째보다 원이 2개 늘어나므로 10개입니다.

3 배열에 사용된 쌓기나무의 수가 첫째는 1개, 둘째는 4개, 셋째는 7개, 넷째는 10개로 3개씩 늘어나고 있습니다.

4 다섯째는 넷째보다 쌓기나무가 3개 늘어나므로 13개입니다.

---

1 STEP 개념 파헤치기   139쪽

1 6, 10   **2** 4

3 1+2+3, 1+2+3+4

4 15개   **5** (○) (   )

---

1 배열에 사용된 모형의 수가 첫째는 1개, 둘째는 3개, 셋째는 6개, 넷째는 10개입니다.

2 배열에 사용된 모형의 수가 첫째는 1개, 둘째는 3개, 셋째는 6개, 넷째는 10개로 2개, 3개, 4개 늘어나고 있습니다.

3 셋째는 둘째보다 모형이 3개 늘어나므로 1+2+3, 넷째는 셋째보다 모형이 4개 늘어나므로 1+2+3+4 입니다.

4 다섯째는 넷째보다 모형이 5개 늘어나므로 1+2+3+4+5=15(개)입니다.

---

2 STEP 개념 확인하기   140~141쪽

개념1 100

1 100   **2** 1000, 커집니다에 ○표

3 1100

4

13300	14400	15500	16600	17700
23300	24400	25500	26600	27700
33300	34400	35500	36600	37700
43300	44400	45500	46600	47700
53300	54400	55500	56600	57700

5

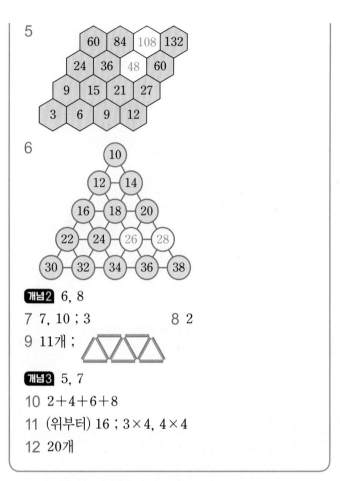

6

개념2 6, 8

7 7, 10 ; 3   **8** 2

9 11개 ;

개념3 5, 7

10 2+4+6+8

11 (위부터) 16 ; 3×4, 4×4

12 20개

---

1 3450−3550−3650−3750−3850
→ 방향으로 100씩 커집니다.

2 3450−4450−5450−6450−7450
↓ 방향으로 1000씩 커집니다.

3 3450−4550−5650−6750−7850
↘ 방향으로 1100씩 커집니다.

4

13300	14400	15500	16600	17700
23300	24400	25500	26600	27700
33300	34400	35500	36600	37700
43300	44400	㉠	46600	47700
53300	54400	㉡	㉢	57700

㉠ ↓ 방향으로 10000씩 커지므로 35500보다 10000만큼 더 큰 수인 45500입니다.

㉡ ↓ 방향으로 10000씩 커지므로 45500보다 10000만큼 더 큰 수인 55500입니다.

㉢ → 방향으로 1100씩 커지므로 55500보다 1100만큼 더 큰 수인 56600입니다.

5

60	84	㉠	132
24	36	㉡	60
9	15	21	27
3	6	9	12

㉠ 위에서 첫 번째 줄은 → 방향으로 24씩 커집니다.
따라서 ㉠에 알맞은 수는 84보다 24만큼 더 큰 수
이므로 84+24=108입니다.

㉡ 위에서 두 번째 줄은 → 방향으로 12씩 커집니다.
따라서 ㉡에 알맞은 수는 36보다 12만큼 더 큰 수
이므로 36+12=48입니다.

6

```
        10
      12  14
    16  18  20
  22  24  ㉠  ㉡
30  32  34  36  38
```

위에서부터 10, 12, 14, 16, 18, ...로 2씩 커집니다.
따라서 ㉠에 알맞은 수는 24보다 2만큼 더 큰 수인 26이
고, ㉡에 알맞은 수는 26보다 2만큼 더 큰 수인 28입
니다.

7 원이 세 방향으로 각각 1개씩 늘어나므로 3개씩 늘어
나고 있습니다.

8 수수깡의 수가 3, 5, 7, 9로 2개씩 늘어납니다.

9 다섯째는 넷째보다 수수깡이 2개 늘어납니다.
⇨ 9+2=11(개)

10 바둑돌의 수가 4개, 6개, 8개 늘어나므로 빈칸에 알맞
은 식은 2+4+6+8입니다.

11 사각형의 수가 4개씩 늘어납니다.
⇨ 규칙을 식으로 나타내면 1×4, 2×4, 3×4, 4×4
입니다.

12 다섯째의 사각형의 수는 5×4=20(개)입니다.

개념 파헤치기 143쪽

1 10, 10   **2** 100, 100
3 225   **4** 130
5 446+243=689   **6** 758−253=505

1 더해지는 수와 더하는 수 사이의 변화와 계산 결과의
변화에서 규칙을 찾습니다.

2 빼지는 수와 빼는 수 사이의 변화와 계산 결과의 변화
에서 규칙을 찾습니다.

3 더하는 수가 10씩 작아지므로 ♥는 235보다 10만큼
더 작은 수입니다. ⇨ ♥=225

4 빼는 수가 10씩 커지므로 ◆는 120보다 10만큼 더 큰
수입니다. ⇨ ◆=130

5 10씩 커지는 수에 10씩 커지는 수를 더하면 계산 결과
는 20씩 커집니다.
436보다 10 큰 수는 446, 233보다 10 큰 수는 243,
669보다 20 큰 수는 689입니다.
⇨ 446+243=689

6 10씩 작아지는 수에서 10씩 커지는 수를 빼면 계산 결
과는 20씩 작아집니다.
768보다 10 작은 수는 758, 243보다 10 큰 수는 253,
525보다 20 작은 수는 505입니다.
⇨ 758−253=505

개념 파헤치기 145쪽

1 3, 4   **2** 3, 4
3 243   **4** 44
5 55×101010101=5555555555
6 555555÷15=37037

1 곱해지는 수와 곱하는 수 사이의 변화와 계산 결과의
변화에서 규칙을 찾습니다.

2 나누어지는 수와 나누는 수 사이의 변화와 계산 결과
의 변화에서 규칙을 찾습니다.

3 곱해지는 수가 3배로 커지므로 ★은 81의 3배인 수입
니다. ⇨ ★=81×3=243

4 나누는 수가 2배, 3배로 커지므로 ♣는 11의 4배인 수입니다. ⇨ ♣＝11×4＝44

5 곱하는 수의 0과 1이 각각 1개씩 늘어나고, 계산 결과는 5가 2개, 4개, 6개, 8개로 2개씩 늘어납니다.

6 2배, 3배, 4배로 커지는 수를 2배, 3배, 4배로 커지는 수로 나누면 계산 결과가 같습니다.

---

② STEP 개념 확인하기   146~147쪽

개념4 (왼쪽부터) 233, 302

1 ㉠	**2** 20
3 (1) ㉡ (2) ㉣	**4** 210＋290＝500
5 777－555＝222	**6** 1200＋7800＝9000

개념5 40, 200

7 ㉠	**8** (1) ㉣ (2) ㉢

9 32×5＝160
10 55555555÷55＝1010101
11 4×1000008＝4000032
12 4×100000008＝400000032

2
689 － 202 ＝ 487
679 － 212 ＝ 467
669 － 222 ＝ 447
659 － 232 ＝ 427
10씩 작아짐   10씩 커짐   20씩 작아짐

3 (1) ㉠에서 다음에 올 덧셈식은 342＋145＝487입니다.
㉡에서 다음에 올 덧셈식은 254＋243＝497입니다.
(2) ㉢에서 다음에 올 뺄셈식은 649－242＝407입니다.
㉣에서 다음에 올 뺄셈식은 598－151＝447입니다.

4 10씩 작아지는 수에 10씩 커지는 수를 더하면 계산 결과가 같습니다.

5 같은 수에서 111씩 커지는 수를 빼면 계산 결과는 111씩 작아집니다.

---

6 100씩 커지는 수에 1000씩 커지는 수를 더하면 계산 결과는 1100씩 커집니다.
여섯째: 1000＋5800＝6800
일곱째: 1100＋6800＝7900
여덟째: 1200＋7800＝9000

8 생각 열기 나눗셈식이므로 ㉢과 ㉣에서 다음에 올 계산식을 생각합니다.
㉢에서 다음에 올 나눗셈식은 1210÷11＝110입니다.
㉣에서 다음에 올 나눗셈식은 1250÷50＝25입니다.

9 2배로 커지는 수와 반으로 작아지는 수를 곱하면 계산 결과가 같습니다.

10 2배, 3배, 4배로 커지는 수를 2배, 3배, 4배로 커지는 수로 나누면 계산 결과가 같습니다.

11 곱하는 수의 0의 개수가 1개씩 늘어나면 계산 결과의 0의 개수도 1개씩 늘어납니다.

12 여섯째: 4×10000008＝40000032
일곱째: 4×100000008＝400000032

---

① STEP 개념 파헤치기   149쪽

1 3, 5	**2** 1, 1
3 (1) ＜ (2) ＝ (3) ＝	**4** (○) ( )

1 왼쪽 접시에 3 g 올리고 오른쪽 접시에 5 g 올렸더니 양쪽 무게가 같아졌습니다.

2 왼쪽 접시에 1 g 올리고 오른쪽 접시에서 1 g 내렸더니 양쪽 무게가 같아졌습니다.

3 (1) 5＋9＝14이므로 12＜14입니다.
(2) 10＋6＝16, 8＋8＝16이므로 등호를 사용하여 나타낼 수 있습니다.
(3) 43－15＝28, 15＋13＝28이므로 등호를 사용하여 나타낼 수 있습니다.

4 • 17＋16＝16＋17은 더하는 두 수의 순서를 바꾸어 더했으므로 계산 결과가 같습니다.
• 25＋4＝29, 25－4＝21
⇨ 계산 결과가 다르므로 등호를 사용하여 나타낼 수 없습니다.

STEP 1 개념 파헤치기 〔151쪽〕

1 2   **2** 6

3 2, 2   **4** 4, 4

5 350, 260

1 양 옆에 있는 두 수의 합은 가운데 수의 2배입니다.

2 ↘ 방향에 있는 두 수의 합과 ↗ 방향에 있는 두 수의 합은 같습니다.

3 위치의 양 끝에 있는 두 수의 합은 가운데 수의 2배입니다.

4 , 위치의 가장자리에 있는 네 수의 합은 가운데 수의 4배입니다.

5 ↘ 방향에 있는 두 수의 합과 ↗ 방향에 있는 두 수의 합은 같습니다.

STEP 2 개념 확인하기 〔152~153쪽〕

개념6 =

1 (○)
   ( )

2 3, 6

3 50−26

4 20, 20

5 12, 12

6 • • ; 예 13+12=28−3
  • •

7 ⑴ 23 ⑵ 19

개념7 2

8 2, 2 ; 2

9 11, 24 ; 같습니다에 ○표

10 (위부터) 5, 5, 6, 6

11 예 202+204+303+103=203×4

1 • 30−16=14
   ⇨ 양쪽의 값이 같으므로 등호를 사용하여 나타낼 수 있습니다.
  • 25+12=37, 18+20=38
   ⇨ 양쪽의 값이 다르므로 등호를 사용하여 나타낼 수 없습니다.

2 저울의 왼쪽 접시에 3 g 올리고, 오른쪽 접시에 6 g 올렸더니 저울이 어느 한쪽으로 기울어지지 않았으므로 14+3=11+6입니다.

3 37−13=24이므로 •보기•에서 값이 24인 것을 찾습니다.
15+13=28, 20−7=13, 50−26=24, 19+14=33이므로 50−26을 써넣습니다.

4 같은 색끼리 수를 비교합니다.
흰 돌이 오른쪽 접시에 4개 더 많으므로 검은 돌은 오른쪽 접시보다 왼쪽 접시에 4개 더 많아야 합니다.
⇨ 16+4=20(개)

5 검은 돌이 오른쪽 접시에 5개 더 많으므로 왼쪽 접시보다 오른쪽 접시에서 5개 더 많이 덜어 내야 합니다.
⇨ 7+5=12(개)

6 13+12=25, 11+10=21, 25−2=23, 28−3=25
⇨ 13+12와 28−3의 값이 같으므로 등호를 사용하여 나타낼 수 있습니다.

7 ⑴ 16은 27보다 11만큼 더 작으므로 12보다 11만큼 더 큰 수인 23을 더해야 합니다.
⑵ 50은 60보다 10만큼 더 작으므로 29보다 10만큼 더 작은 수인 19를 빼야 합니다.

8 양 옆에 있는 두 수의 합은 가운데 수의 2배입니다.

9 ↘ 방향에 있는 두 수의 합과 ↗ 방향에 있는 두 수의 합은 같습니다.

10 → 방향으로 5씩 커지고, ← 방향으로 5씩 작아집니다.
또, ↘ 방향으로 6씩 커지고, ↖ 방향으로 6씩 작아집니다.

11 배치도의 위치에 있는 수에서 가장자리에 있는 네 수의 합은 가운데 수의 4배입니다.

꼼꼼 풀이집

3 STEP 단원 마무리 평가
154~156쪽

1 1000

2 100

3 1100

4 6940

5 9, 13

6 4, 4, 17 ; 17

7

8 5×3, 5×4

9 25개

10 (1) 531＋447＝978 (2) 866－544＝322

11 (　　)

　　(○)

12 1＋2＋3＋4＋5＋4＋3＋2＋1＝25

13 1＋2＋3＋4＋5＋6＋5＋4＋3＋2＋1＝36

14 1111×1111＝1234321

15 11111×11111＝123454321

16 3, 4, 12345679, 같습니다에 ○표

17 555555555÷45＝12345679

18 (1) 25 (2) 15

19 360, 280

20 660, 580, 580

5

첫째	둘째	셋째	넷째
1	5	9	13

$+4$　$+4$　$+4$

6 　서술형 가이드　 늘어나는 사각형 수의 규칙을 찾아 답을 구했는지 확인합니다.

채점기준	풀이 과정을 완성하여 다섯째의 사각형의 수를 구했음.	상
	풀이 과정을 완성했지만 일부가 틀림.	중
	풀이 과정을 완성하지 못함.	하

7 넷째 모양의 위쪽과 아래쪽, 오른쪽과 왼쪽에 사각형을 각각 1개씩 더 그립니다.

9 5×5＝25(개)

10 (1)

131	＋	47	＝	178
231	＋	147	＝	378
331	＋	247	＝	578
431	＋	347	＝	778
531	＋	447	＝	978

100씩 커짐	100씩 커짐	200씩 커짐

---

(2)

896	－	514	＝	382
886	－	524	＝	362
876	－	534	＝	342
866	－	544	＝	322
856	－	554	＝	302

10씩 작아짐	10씩 커짐	20씩 작아짐

11 24＋13＝37, 22＋17＝39 ⇨ 왼쪽과 오른쪽의 두 값이 다르므로 등호를 사용하여 나타낼 수 없습니다.
46－22＝24, 13＋11＝24 ⇨ 왼쪽과 오른쪽의 두 값이 같으므로 등호를 사용하여 나타낼 수 있습니다.

16 　서술형 가이드　 나누어지는 수와 나누는 수 사이의 변화와 계산 결과를 확인합니다.

채점기준	풀이 과정을 완성하여 나눗셈식에 있는 규칙을 구했음.	상
	풀이 과정을 완성했지만 일부가 틀림.	중
	풀이 과정을 완성하지 못함.	하

18 (1) 30은 40보다 10만큼 더 작으므로 15보다 10만큼 더 큰 수인 25를 더해야 합니다.

(2) 70은 75보다 5만큼 더 작으므로 20보다 5만큼 더 작은 수인 15를 빼야 합니다.

19 ↘ 방향에 있는 두 수의 합과 ↗ 방향에 있는 두 수의 합은 같습니다.

20 580을 중심으로 ↘ 방향, ↓ 방향, ↙ 방향, → 방향에 있는 세 수의 합은 모두 같습니다.

↘ 방향: 640＋580＋520

↓ 방향: 650＋580＋510

↙ 방향: 660＋580＋500

→ 방향: 570＋580＋590

⇨ 580을 중심으로 각 방향에 있는 세 수의 합은 580의 3배와 같습니다.

마무리 개념완성
157쪽

❶ 100, 1000

❷ 8, 2＋2＋2＋2

❸ 122221

❹ 5, 6

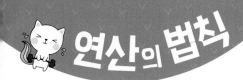

1. 큰 수

01 삼십이만 칠천육백오십사

02 이백오십팔만 구천사백십삼

03 사천오십삼만 이천칠백육십구

04 오억 천이백삼십육만 사천칠십팔

05 육십이억 삼천칠만 팔천오백

06 칠백삼억 사천팔백만 이천팔백구십

07 오천이백억 삼천칠백오십만 팔천

08 구조 삼천오백십억 오천육백삼십

01 26|5428

02 560|9243

03 7348|2500

04 1|9000|4357

05 28|6759|0000

06 352|8000|0061

07 5|9263|7000|0000

08 600|5000|2784|0000

01 194372

02 514580

03 1654만, 1754만

04 17억 3만, 18억 3만

05 2753억, 2793억

06 1685억, 3685억

07 340조, 345조

01 684000

02 1765200

03 3100만

04 5억 4만, 6억 4만

05 83억 5만, 87억 5만

06 9030억

07 3210조

01 >   08 >

02 <   09 <

03 >   10 <

04 >   11 >

05 >   12 >

06 <   13 <

07 <   14 >

01 >   08 <

02 <   09 >

03 >   10 <

04 <   11 >

05 <   12 <

06 <   13 <

07 >   14 >

2. 각도

3. 곱셈과 나눗셈

4. (세 자리 수)×(몇십)(2)　15쪽

01 22620	06 33120	11 13060
02 88470	07 35630	12 40800
03 28350	08 6920	13 25300
04 60720	09 25650	14 14640
05 7940	10 45430	15 34380

5. (세 자리 수)×(두 자리 수)(1)　16쪽

01 19012	05 24396	09 11868
02 8170	06 7038	10 4401
03 8510	07 14952	11 6624
04 39249	08 63566	12 64704

6. (세 자리 수)×(두 자리 수)(2)　17쪽

01 11772	08 77748
02 20394	09 61828
03 37884	10 24890
04 2925	11 26994
05 9617	12 67663
06 13018	13 26850
07 39528	14 51282

7. (몇십)÷(몇십), (몇십)÷(두 자리 수)　18쪽

01 4	05 3	09 3···9
02 2	06 3	10 2···10
03 5	07 2	11 2···2
04 2	08 3···3	12 5···5

8. 나누어떨어지는 (두 자리 수)÷(두 자리 수)　19쪽

01 4	05 3	09 3
02 3	06 2	10 4
03 2	07 7	11 5
04 3	08 3	12 2

9. 나머지가 있는 (두 자리 수)÷(두 자리 수)　20쪽

01 2···3	05 3···8	09 1···47
02 3···8	06 3···1	10 1···27
03 5···3	07 4···3	11 2···7
04 2···9	08 4···12	12 3···3

10. 나누어떨어지는 (몇백몇십)÷(몇십)　21쪽

01 5	07 4
02 4	08 9
03 6	09 5
04 5	10 8
05 8	11 8
06 7	12 7

11. 나머지가 있는 (몇백몇십)÷(몇십)　22쪽

01 3···10	07 9···20
02 3···30	08 7···10
03 8···10	09 4···50
04 8···10	10 6···60
05 4···30	11 9···10
06 7···10	12 8···30

12. (세 자리 수)÷(몇십)　23쪽

01 9⋯17	05 9⋯33	09 6⋯44
02 9⋯6	06 7⋯38	10 4⋯6
03 9⋯29	07 8⋯81	11 8⋯34
04 5⋯13	08 5⋯5	12 7⋯26

12. (세 자리 수)÷(몇십)　24쪽

13 9⋯3	20 4⋯4
14 7⋯7	21 8⋯2
15 7⋯6	22 7⋯55
16 6⋯19	23 8⋯1
17 6⋯79	24 9⋯2
18 8⋯71	25 7⋯6
19 9⋯5	26 5⋯19

13. 나누어떨어지는 (세 자리 수)÷(두 자리 수)　25쪽

01 8	05 8	09 4
02 3	06 5	10 4
03 5	07 4	11 6
04 2	08 3	12 4

14. 나머지가 있는 (세 자리 수)÷(두 자리 수)　26쪽

01 7⋯22	05 9⋯1	09 8⋯33
02 8⋯38	06 6⋯15	10 5⋯86
03 8⋯9	07 9⋯60	11 7⋯3
04 6⋯35	08 9⋯14	12 3⋯35

15. 나누어떨어지는 (세 자리 수)÷(두 자리 수)　27쪽

01 27	05 21	09 13
02 18	06 17	10 13
03 45	07 16	11 62
04 11	08 23	12 12

16. 나머지가 있는 (세 자리 수)÷(두 자리 수)　28쪽

01 20⋯10	05 35⋯3	09 25⋯14
02 17⋯23	06 19⋯9	10 31⋯2
03 14⋯5	07 12⋯27	11 12⋯7
04 36⋯3	08 58⋯12	12 56⋯14

수학의 해법이 풀리다!

해결의 법칙 시리즈

단계별 맞춤 학습

개념, 유형, 응용의 단계별 교재로
교과서 차시에 맞춘 쉬운 개념부터
응용·심화까지 수학 완전 정복

혼자서도 OK!

이미지로 구성된 핵심 개념과 셀프 체크,
모바일 코칭 시스템과 동영상 강의로
자기주도 학습 및 홈 스쿨링에 최적화

300여 명의 검증

수학의 메카 천재교육 집필진과
300여 명의 교사·학부모의
검증을 거쳐 탄생한 친절한 교재

흔들리지 않는 탄탄한 수학의 완성! (초등 1~6학년 / 학기별)

참 잘했어요

 수학의 모든 개념 문제를 풀 정도로
실력이 성장한 것을 축하하며
이 상장을 드립니다.

이름 _____

날짜 _____ 년 ____ 월 ____ 일

초등 문해력
독해가 힘이다
문장제 수학편

조건과 구하려는 것

글 어 읽 기

문해력 어휘 백과

말장제

🔍 문해력을 키우면 정답이 보인다

초등 문해력 독해가 힘이다
문장제 수학편 (초등 1~6학년 / 단계별)

짧은 문장 연습부터 긴 문장 연습까지 문장을 읽고 이해하며 해결하는 연습을 하여
수학 문해력을 길러주는 문장제 연습 교재

book.chunjae.co.kr

교재 내용 문의 ·················· 교재 홈페이지 ▶ 초등 ▶ 교재상담
교재 내용 외 문의 ·················· 교재 홈페이지 ▶ 고객센터 ▶ 1:1문의
발간 후 발견되는 오류 ·················· 교재 홈페이지 ▶ 초등 ▶ 학습지원 ▶ 학습자료실

63410

9 791125 967071
ISBN 979-11-259-6707-1

정가 14,500원

어린이제품
안전 특별법에
의한 품질 표시

My name~

초등학교

학년   반   번

이름

개념 해결의 법칙

연산의 법칙

수학

4·1

연산의 법칙

차례

연산의 법칙

4-1

본문 12~13쪽, 16~19쪽과 함께 공부하세요.

1. 수 읽기

학습 POINT

수를 읽을 때에는 일의 자리부터 왼쪽으로 네 자리씩 끊어서 숫자와 자리가 나타내는 값을 함께 읽습니다.

(단, 숫자가 0 인 자리는 읽지 않고, 일의 자리는 숫자만 읽습니다.)

예 6 8 7 2 4 3 0 5 2는 │ 육억 팔천칠백이십사만 삼천오십이 │ 라고 읽습니다.
    억   만

정답은 41쪽

[01~08] 수를 읽어 보시오.

01 │ 327654 │   (   )

02 │ 2589413 │   (   )

03 │ 40532769 │   (   )

04 │ 512364078 │   (   )

05 │ 6230078500 │   (   )

06 │ 70348002890 │   (   )

07 │ 520037508000 │   (   )

08 │ 9351000005630 │   (   )

본문 12~13쪽, 16~19쪽과 함께 공부하세요.

2. 수 쓰기

학습 POINT

수를 쓸 때에는 높은 자리 숫자부터 차례로 모두 씁니다.

(단, 읽지 않은 자리에는 [0] 을 씁니다.)

예 구백오만 이천육백팔십칠을 수로 쓰면 [905|2687] 입니다.

정답은 41쪽

[01~08] 수로 써 보시오.

01 [이십육만 오천사백이십팔] (   )

02 [오백육십만 구천이백사십삼] (   )

03 [칠천삼백사십팔만 이천오백] (   )

04 [일억 구천만 사천삼백오십칠] (   )

05 [이십팔억 육천칠백오십구만] (   )

06 [삼백오십이억 팔천만 육십일] (   )

07 [오조 구천이백육십삼억 칠천만] (   )

08 [육백조 오천억 이천칠백팔십사만] (   )

3. 뛰어 세기 (1)

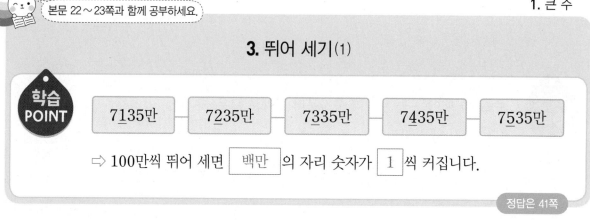

학습 POINT

| 7135만 | 7235만 | 7335만 | 7435만 | 7535만 |

⇨ 100만씩 뛰어 세면 백만 의 자리 숫자가 1 씩 커집니다.

정답은 41쪽

[01~07] 주어진 수만큼씩 뛰어 세어 보시오.

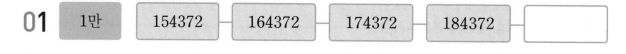

01 1만 | 154372 — 164372 — 174372 — 184372 — ☐

02 10만 | 214580 — 314580 — 414580 — ☐ — 614580

03 100만 | 1354만 — 1454만 — 1554만 — ☐ — ☐

04 1억 | 15억 3만 — 16억 3만 — ☐ — ☐ — 19억 3만

05 20억 | 2713억 — 2733억 — ☐ — 2773억 — ☐

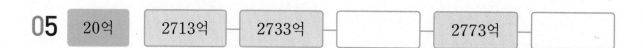

06 1000억 | 685억 — ☐ — 2685억 — ☐ — 4685억

07 5조 | 325조 — 330조 — 335조 — ☐

4. 뛰어 세기(2)

학습 POINT

| 8825조 | 8835조 | 8845조 | 8855조 | 8865조 |

⇨ 십조의 자리 숫자가 [1] 씩 커지므로 [10조] 씩 뛰어 세었습니다.

정답은 41쪽

[01~07] 뛰어 세기를 했습니다. 규칙에 따라 빈칸에 알맞게 써넣으시오.

01

| 284000 | 384000 | 484000 | 584000 | |

02

| 1735200 | 1745200 | 1755200 | | 1775200 |

03

| 2900만 | 3000만 | | 3200만 | 3300만 |

04

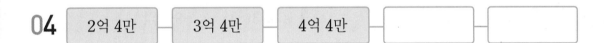

| 2억 4만 | 3억 4만 | 4억 4만 | | |

05

| 79억 5만 | 81억 5만 | | 85억 5만 | |

06

| 8830억 | 8930억 | | 9130억 | 9230억 |

07

| 3010조 | 3060조 | 3110조 | 3160조 | |

5. 수의 크기 비교 (1)

학습 POINT

수의 크기를 비교할 때 자리 수가 다르면 자리 수가 많은 쪽이 더 큽니다.

예 26751 $<$ 125680
(5자리 수) (6자리 수)

1억 20만 $>$ 9700만
(9자리 수) (8자리 수)

정답은 41쪽

[01~14] 두 수의 크기를 비교하여 ○ 안에 >, < 중 알맞은 것을 써넣으시오.

01 201349 ◯ 95470

02 697256 ◯ 3425789

03 20541832 ◯ 5791230

04 315087426 ◯ 53189726

05 2531409769 ◯ 423457022

06 1576238560 ◯ 75841632000

07 53700000000 ◯ 423500000000

08 382만 ◯ 99만

09 150만 ◯ 150억

10 8560만 ◯ 1억

11 6조 30만 ◯ 9999억

12 4235억 3000만 ◯ 476억 9800만

13 30조 8562억 ◯ 102조 5000억

14 8700조 250만 ◯ 960조 7400억

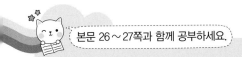

본문 26~27쪽과 함께 공부하세요.

6. 수의 크기 비교 (2)

학습 POINT

수의 크기를 비교할 때 자리 수가 같으면 가장 높은 자리의 수부터 차례로 비교하여 수가 큰 쪽이 더 큽니다.

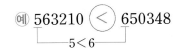

예 563210 < 650348
    └─5<6─┘

1억 7500만 > 1억 3890만
        └─7>3─┘

정답은 41쪽

[01~14] 두 수의 크기를 비교하여 ○ 안에 >, < 중 알맞은 것을 써넣으시오.

01 87653 ◯ 78900

02 246817 ◯ 264950

03 8769452 ◯ 8769432

04 29004753 ◯ 29103856

05 513740080 ◯ 513769432

06 8204297243 ◯ 8215542817

07 956023510000 ◯ 956012358720

08 670만 5000 ◯ 760만 5000

09 5120만 3468 ◯ 5109만 8765

10 6억 9231만 ◯ 6억 9235만

11 207억 8006만 ◯ 207억 860만

12 52조 3126억 ◯ 52조 3127억

13 341조 4860억 ◯ 341조 6700억

14 1249조 5129만 ◯ 1249조 2137만

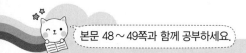

1. 각도의 합

학습 POINT

$\underset{40+30=70}{40° + 30° = 70°}$ ⇨ 각도의 합은 자연수의 덧셈과 같은 방법으로 계산한 다음 단위 ⬚° 를 붙여 줍니다.

정답은 42쪽

[01~14] 각도의 합을 구하시오.

01 $20° + 30° = $ ⬚

02 $35° + 45° = $ ⬚

03 $52° + 28° = $ ⬚

04 $67° + 23° = $ ⬚

05 $71° + 29° = $ ⬚

06 $46° + 69° = $ ⬚

07 $56° + (직각) = $ ⬚

08 $(직각) + 78° = $ ⬚

09 $123° + 37° = $ ⬚

10 $145° + 28° = $ ⬚

11 $39° + 111° = $ ⬚

12 $56° + 124° = $ ⬚

13 $67° + 107° = $ ⬚

14 $138° + 42° = $ ⬚

본문 50~51쪽과 함께 공부하세요.

2. 각도의 차

학습 POINT

$30° - 20° = 10°$
$30 - 20 = 10$
⇨ 각도의 차는 자연수의 뺄셈과 같은 방법으로 계산한 다음 단위 $\boxed{°}$ 를 붙여 줍니다.

정답은 42쪽

[01~14] 각도의 차를 구하시오.

01 $40° - 20° = \boxed{}$

02 $55° - 25° = \boxed{}$

03 $76° - 40° = \boxed{}$

04 $82° - 15° = \boxed{}$

05 $100° - (직각) = \boxed{}$

06 $(직각) - 38° = \boxed{}$

07 $112° - 62° = \boxed{}$

08 $126° - 40° = \boxed{}$

09 $130° - 55° = \boxed{}$

10 $146° - 89° = \boxed{}$

11 $130° - 114° = \boxed{}$

12 $165° - 128° = \boxed{}$

13 $176° - 147° = \boxed{}$

14 $180° - 158° = \boxed{}$

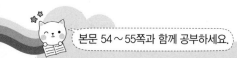
3. 삼각형의 세 각의 크기의 합

정답은 42쪽

학습 POINT

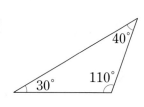

⇨ (세 각의 크기의 합)=30°+40°+110°=180°

모든 삼각형의 세 각의 크기의 합은 180° 입니다.

[01~08] ☐ 안에 알맞은 각도를 써넣으시오.

01

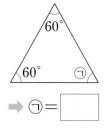

➡ ㉠= ☐

02

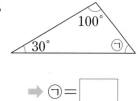

➡ ㉠= ☐

03

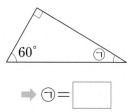

➡ ㉠= ☐

04

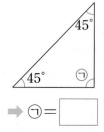

➡ ㉠= ☐

05

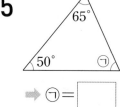

➡ ㉠= ☐

06

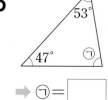

➡ ㉠= ☐

07

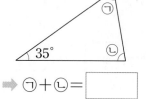

➡ ㉠+㉡= ☐

08

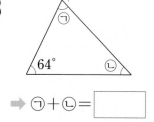

➡ ㉠+㉡= ☐

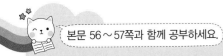

본문 56〜57쪽과 함께 공부하세요.

4. 사각형의 네 각의 크기의 합

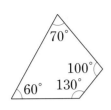

⇨ (네 각의 크기의 합)=60°＋70°＋100°＋130°＝360°

모든 사각형의 네 각의 크기의 합은 360° 입니다.

정답은 42쪽

[01~08] ☐ 안에 알맞은 각도를 써넣으시오.

01

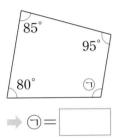

➡ ㉠= ☐

05

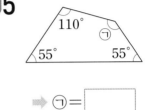

➡ ㉠= ☐

02

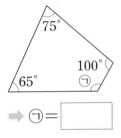

➡ ㉠= ☐

06

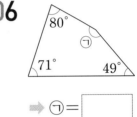

➡ ㉠= ☐

03

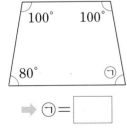

➡ ㉠= ☐

07

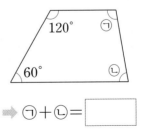

➡ ㉠+㉡= ☐

04

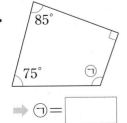

➡ ㉠= ☐

08

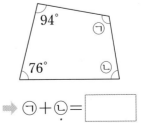

➡ ㉠+㉡= ☐

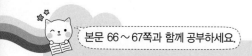

1. (몇백)×(몇십)(1)

 학습 POINT

(몇백)×(몇십)은 (몇백)×(몇)의 10배입니다.

$$500 \times 3 = 1500$$
$$500 \times 30 = \boxed{15000}$$
10배

정답은 42쪽

[01~14] ☐ 안에 알맞은 수를 써넣으시오.

01 $200 \times 20 = $ ☐

02 $300 \times 30 = $ ☐

03 $50 \times 500 = $ ☐

04 $800 \times 90 = $ ☐

05 $60 \times 200 = $ ☐

06 $400 \times 70 = $ ☐

07 $50 \times 900 = $ ☐

08 $400 \times 30 = $ ☐

09 $600 \times 40 = $ ☐

10 $70 \times 800 = $ ☐

11 $900 \times 30 = $ ☐

12 $700 \times 70 = $ ☐

13 $800 \times 60 = $ ☐

14 $80 \times 400 = $ ☐

본문 66∼67쪽과 함께 공부하세요.

2. (몇백)×(몇십)(2)

학습 POINT

(몇백)×(몇십)은 (몇백)×(몇)의 10배입니다.

```
      6 0 0              6 0 0
  ×       2    ⇨     ×     2 0
    1 2 0 0          1 2 0 0 0
```

10배

정답은 42쪽

[01~15] □ 안에 알맞은 수를 써넣으시오.

01
```
    5 0 0
  ×    7 0
```

06
```
        9 0
  × 2 0 0
```

11
```
    3 0 0
  ×    7 0
```

02
```
    2 0 0
  ×    3 0
```

07
```
        6 0
  × 4 0 0
```

12
```
        2 0
  × 9 0 0
```

03
```
    3 0 0
  ×    4 0
```

08
```
    5 0 0
  ×    9 0
```

13
```
    4 0 0
  ×    4 0
```

04
```
    6 0 0
  ×    3 0
```

09
```
        5 0
  × 6 0 0
```

14
```
        8 0
  × 2 0 0
```

05
```
    4 0 0
  ×    8 0
```

10
```
        7 0
  × 9 0 0
```

15
```
        5 0
  × 7 0 0
```

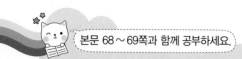
3. (세 자리 수)×(몇십)(1)

학습 POINT

(세 자리 수)×(몇십)은 (세 자리 수)×(몇)의 10배입니다.

$154 \times 3 = 462$

$154 \times 30 = \boxed{4620}$ ⟵ 10배

정답은 42쪽

[01~14] ☐ 안에 알맞은 수를 써넣으시오.

01 $319 \times 70 = $

02 $223 \times 40 = $

03 $516 \times 20 = $

04 $405 \times 30 = $

05 $643 \times 40 = $

06 $371 \times 20 = $

07 $436 \times 60 = $

08 $955 \times 50 = $

09 $137 \times 20 = $

10 $149 \times 90 = $

11 $366 \times 70 = $

12 $256 \times 80 = $

13 $618 \times 70 = $

14 $549 \times 90 = $

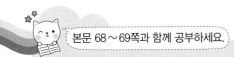

4. (세 자리 수)×(몇십)(2)

(세 자리 수)×(몇십)은 (세 자리 수)×(몇)의 10배입니다.

$$
\begin{array}{r} 1\ 2\ 4 \\ \times\ \ \ \ \ 4 \\ \hline 4\ 9\ 6 \end{array}
\Rightarrow
\begin{array}{r} 1\ 2\ 4 \\ \times\ \ \ 4\ 0 \\ \hline 4\ 9\ 6\ 0 \end{array}
$$

10배

정답은 43쪽

[01~15] 계산을 하시오.

01
$$\begin{array}{r} 7\ 5\ 4 \\ \times\ \ \ 3\ 0 \\ \hline \end{array}$$

02
$$\begin{array}{r} 9\ 8\ 3 \\ \times\ \ \ 9\ 0 \\ \hline \end{array}$$

03
$$\begin{array}{r} 4\ 0\ 5 \\ \times\ \ \ 7\ 0 \\ \hline \end{array}$$

04
$$\begin{array}{r} 7\ 5\ 9 \\ \times\ \ \ 8\ 0 \\ \hline \end{array}$$

05
$$\begin{array}{r} 3\ 9\ 7 \\ \times\ \ \ 2\ 0 \\ \hline \end{array}$$

06
$$\begin{array}{r} 8\ 2\ 8 \\ \times\ \ \ 4\ 0 \\ \hline \end{array}$$

07
$$\begin{array}{r} 5\ 0\ 9 \\ \times\ \ \ 7\ 0 \\ \hline \end{array}$$

08
$$\begin{array}{r} 1\ 7\ 3 \\ \times\ \ \ 4\ 0 \\ \hline \end{array}$$

09
$$\begin{array}{r} 2\ 8\ 5 \\ \times\ \ \ 9\ 0 \\ \hline \end{array}$$

10
$$\begin{array}{r} 6\ 4\ 9 \\ \times\ \ \ 7\ 0 \\ \hline \end{array}$$

11
$$\begin{array}{r} 6\ 5\ 3 \\ \times\ \ \ 2\ 0 \\ \hline \end{array}$$

12
$$\begin{array}{r} 6\ 8\ 0 \\ \times\ \ \ 6\ 0 \\ \hline \end{array}$$

13
$$\begin{array}{r} 5\ 0\ 6 \\ \times\ \ \ 5\ 0 \\ \hline \end{array}$$

14
$$\begin{array}{r} 4\ 8\ 8 \\ \times\ \ \ 3\ 0 \\ \hline \end{array}$$

15
$$\begin{array}{r} 5\ 7\ 3 \\ \times\ \ \ 6\ 0 \\ \hline \end{array}$$

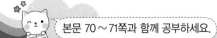
본문 70~71쪽과 함께 공부하세요.

5. (세 자리 수)×(두 자리 수)(1)

학습 POINT

$$
\begin{array}{r} 3\ 1\ 5 \\ \times\quad 4\ 7 \\ \hline \end{array}
\Rightarrow
\begin{array}{r} 3\ 1\ 5 \\ \times\quad 4\ 0 \\ \hline 1\ 2\ 6\ 0\ 0 \end{array}
+
\begin{array}{r} 3\ 1\ 5 \\ \times\quad\quad 7 \\ \hline 2\ 2\ 0\ 5 \end{array}
\Rightarrow
\begin{array}{r} 3\ 1\ 5 \\ \times\quad 4\ 7 \\ \hline 2\ 2\ 0\ 5 \\ 1\ 2\ 6\ 0\ 0 \\ \hline 1\ 4\ 8\ 0\ 5 \end{array}
$$

세 자리 수와
두 자리 수의
십의 자리를 곱하기

세 자리 수와
두 자리 수의
일의 자리를 곱하기

정답은 43쪽

[01~12] 계산을 하시오.

01
$$\begin{array}{r} 1\ 9\ 4 \\ \times\quad 9\ 8 \\ \hline \end{array}$$

05
$$\begin{array}{r} 6\ 4\ 2 \\ \times\quad 3\ 8 \\ \hline \end{array}$$

09
$$\begin{array}{r} 5\ 1\ 6 \\ \times\quad 2\ 3 \\ \hline \end{array}$$

02
$$\begin{array}{r} 4\ 3\ 0 \\ \times\quad 1\ 9 \\ \hline \end{array}$$

06
$$\begin{array}{r} 3\ 9\ 1 \\ \times\quad 1\ 8 \\ \hline \end{array}$$

10
$$\begin{array}{r} 1\ 6\ 3 \\ \times\quad 2\ 7 \\ \hline \end{array}$$

03
$$\begin{array}{r} 2\ 3\ 0 \\ \times\quad 3\ 7 \\ \hline \end{array}$$

07
$$\begin{array}{r} 2\ 6\ 7 \\ \times\quad 5\ 6 \\ \hline \end{array}$$

11
$$\begin{array}{r} 1\ 3\ 8 \\ \times\quad 4\ 8 \\ \hline \end{array}$$

04
$$\begin{array}{r} 6\ 2\ 3 \\ \times\quad 6\ 3 \\ \hline \end{array}$$

08
$$\begin{array}{r} 8\ 5\ 9 \\ \times\quad 7\ 4 \\ \hline \end{array}$$

12
$$\begin{array}{r} 6\ 7\ 4 \\ \times\quad 9\ 6 \\ \hline \end{array}$$

본문 70~71쪽과 함께 공부하세요.

6. (세 자리 수)×(두 자리 수)(2)

학습 POINT

$$529 \times 30 = \underline{15870} \qquad 529 \times 7 = \underline{3703}$$

$$529 \times 37 = 15870 + 3703 = \boxed{19573}$$

정답은 43쪽

[01~14] □ 안에 알맞은 수를 써넣으시오.

01 $436 \times 27 = $ ☐

02 $618 \times 33 = $ ☐

03 $924 \times 41 = $ ☐

04 $117 \times 25 = $ ☐

05 $163 \times 59 = $ ☐

06 $283 \times 46 = $ ☐

07 $732 \times 54 = $ ☐

08 $836 \times 93 = $ ☐

09 $754 \times 82 = $ ☐

10 $655 \times 38 = $ ☐

11 $409 \times 66 = $ ☐

12 $953 \times 71 = $ ☐

13 $358 \times 75 = $ ☐

14 $518 \times 99 = $ ☐

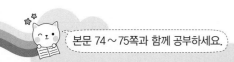
7. (몇십)÷(몇십), (몇십)÷(두 자리 수)

$$20 \overline{)60} \quad \begin{array}{r} 3 \\ \hline 60 \\ \hline 0 \end{array}$$

$$60 \div 20 = 3$$
확인 $20 \times 3 = 60$

정답은 43쪽

[01~12] 계산을 하시오.

01 $20 \overline{)80}$

05 $10 \overline{)30}$

09 $27 \overline{)90}$

02 $30 \overline{)60}$

06 $30 \overline{)90}$

10 $35 \overline{)80}$

03 $10 \overline{)50}$

07 $40 \overline{)80}$

11 $24 \overline{)50}$

04 $20 \overline{)40}$

08 $19 \overline{)60}$

12 $13 \overline{)70}$

8. 나누어떨어지는 (두 자리 수)÷(두 자리 수)

$$\begin{array}{r} 6 \\ 14\overline{)8\,4} \\ 8\,4 \\ \hline 0 \end{array}$$

$84 \div 14 = 6$

확인 $14 \times 6 = 84$

연산의 법칙

정답은 43쪽

[01~12] 계산을 하시오.

01 $12\overline{)48}$

05 $19\overline{)57}$

09 $17\overline{)51}$

02 $24\overline{)72}$

06 $42\overline{)84}$

10 $19\overline{)76}$

03 $26\overline{)52}$

07 $14\overline{)98}$

11 $15\overline{)75}$

04 $32\overline{)96}$

08 $23\overline{)69}$

12 $47\overline{)94}$

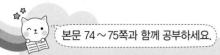

 본문 74~75쪽과 함께 공부하세요.

9. 나머지가 있는 (두 자리 수)÷(두 자리 수)

학습 POINT

$$17\overline{)49}$$
$$\begin{array}{r} 2 \\ \hline 4\,9 \\ 3\,4 \\ \hline 1\,5 \end{array}$$

$49 \div 17 = 2 \cdots 15$

확인 $17 \times 2 = 34,$
$34 + 15 = 49$

정답은 43쪽

[01~12] 계산을 하시오.

01 $16\overline{)35}$

05 $27\overline{)89}$

09 $48\overline{)95}$

02 $25\overline{)83}$

06 $29\overline{)88}$

10 $32\overline{)59}$

03 $13\overline{)68}$

07 $14\overline{)59}$

11 $32\overline{)71}$

04 $45\overline{)99}$

08 $21\overline{)96}$

12 $18\overline{)57}$

10. 나누어떨어지는 (몇백몇십)÷(몇십)

$$
\begin{array}{r}
9 \\
30\overline{)270} \\
270 \\
\hline
0
\end{array}
$$

$270 \div 30 = 9$

$27 \div 3 = 9$

정답은 43쪽

[01~12] 계산을 하시오.

01 $30\overline{)150}$

02 $90\overline{)360}$

03 $70\overline{)420}$

04 $50\overline{)250}$

05 $50\overline{)400}$

06 $80\overline{)560}$

07 $160 \div 40$

08 $720 \div 80$

09 $450 \div 90$

10 $160 \div 20$

11 $320 \div 40$

12 $280 \div 40$

본문 76~77쪽과 함께 공부하세요.

11. 나머지가 있는 (몇백몇십)÷(몇십)

학습 POINT

$$\begin{array}{r} 5 \\ 50\overline{)2\ 8\ 0} \\ 2\ 5\ 0 \\ \hline 3\ 0 \end{array}$$

$280 \div 50 = 5 \cdots 30$

확인 $50 \times 5 = 250,$

$\qquad 250 + 30 = 280$

정답은 43쪽

[01~12] 계산을 하시오.

01 $80\overline{)2\ 5\ 0}$

07 $380 \div 40$

02 $90\overline{)3\ 0\ 0}$

08 $500 \div 70$

03 $20\overline{)1\ 7\ 0}$

09 $290 \div 60$

04 $50\overline{)4\ 1\ 0}$

10 $540 \div 80$

05 $40\overline{)1\ 9\ 0}$

11 $190 \div 20$

06 $30\overline{)2\ 2\ 0}$

12 $750 \div 90$

12. (세 자리 수)÷(몇십)

학습 POINT

$$\begin{array}{r} 6 \\ 30{\overline{\smash{\big)}\,205}} \\ \underline{180} \\ 25 \end{array}$$

6 ← 몫

25 ← 나머지

$205 \div 30 = 6 \cdots 25$

확인 $30 \times 6 = 180,$
$180 + 25 = 205$

정답은 44쪽

[01~12] 계산을 하시오.

01 $20{\overline{\smash{\big)}\,197}}$

05 $60{\overline{\smash{\big)}\,573}}$

09 $50{\overline{\smash{\big)}\,344}}$

02 $70{\overline{\smash{\big)}\,636}}$

06 $80{\overline{\smash{\big)}\,598}}$

10 $30{\overline{\smash{\big)}\,126}}$

03 $40{\overline{\smash{\big)}\,389}}$

07 $90{\overline{\smash{\big)}\,801}}$

11 $70{\overline{\smash{\big)}\,594}}$

04 $50{\overline{\smash{\big)}\,263}}$

08 $20{\overline{\smash{\big)}\,105}}$

12 $30{\overline{\smash{\big)}\,236}}$

[13~26] 계산을 하시오.

13 $183 \div 20$

14 $217 \div 30$

15 $566 \div 80$

16 $439 \div 70$

17 $619 \div 90$

18 $711 \div 80$

19 $815 \div 90$

20 $204 \div 50$

21 $322 \div 40$

22 $545 \div 70$

23 $641 \div 80$

24 $812 \div 90$

25 $146 \div 20$

26 $169 \div 30$

본문 78～79쪽과 함께 공부하세요.

13. 나누어떨어지는 (세 자리 수)÷(두 자리 수)—몫이 한 자리 수

학습 POINT

$$\begin{array}{r} 9 \\ 27\overline{)243} \\ \underline{243} \\ 0 \end{array}$$

243÷27=9

확인 27×9=243

정답은 44쪽

[01～12] 계산을 하시오.

01 $19\overline{)152}$

05 $26\overline{)208}$

09 $84\overline{)336}$

02 $45\overline{)135}$

06 $72\overline{)360}$

10 $55\overline{)220}$

03 $54\overline{)270}$

07 $91\overline{)364}$

11 $37\overline{)222}$

04 $66\overline{)132}$

08 $86\overline{)258}$

12 $29\overline{)116}$

본문 78~79쪽과 함께 공부하세요.

14. 나머지가 있는 (세 자리 수)÷(두 자리 수)—몫이 한 자리 수

학습 POINT

$$
\begin{array}{r}
\boxed{6} \\
56\overline{)\ 3\ 8\ 0} \\
3\ 3\ 6 \\
\hline
\boxed{4\ 4}
\end{array}
$$

$380 \div 56 = 6 \cdots 44$

확인 $56 \times 6 = 336,$
$336 + 44 = 380$

정답은 44쪽

[01~12] 계산을 하시오.

01 $34\overline{)260}$

05 $43\overline{)388}$

09 $34\overline{)305}$

02 $63\overline{)542}$

06 $29\overline{)189}$

10 $98\overline{)576}$

03 $13\overline{)113}$

07 $72\overline{)708}$

11 $21\overline{)150}$

04 $42\overline{)287}$

08 $18\overline{)176}$

12 $76\overline{)263}$

본문 82~83쪽과 함께 공부하세요.

15. 나누어떨어지는 (세 자리 수)÷(두 자리 수)—몫이 두 자리 수

학습 POINT

$$2\ 7$$

$$18\overline{)486}$$
$$\underline{36}$$
$$126$$
$$\underline{126}$$
$$0$$

$486 \div 18 = 27$

확인 $18 \times 27 = 486$

정답은 44쪽

[01~12] 계산을 하시오.

01 $26\overline{)702}$

05 $43\overline{)903}$

09 $29\overline{)377}$

02 $35\overline{)630}$

06 $37\overline{)629}$

10 $25\overline{)325}$

03 $19\overline{)855}$

07 $53\overline{)848}$

11 $14\overline{)868}$

04 $69\overline{)759}$

08 $41\overline{)943}$

12 $51\overline{)612}$

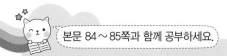

본문 84~85쪽과 함께 공부하세요.

3. 곱셈과 나눗셈

16. 나머지가 있는 (세 자리 수)÷(두 자리 수)—몫이 두 자리 수

학습 POINT

$$
\begin{array}{r}
\boxed{1\ 5} \\
43\overline{)\ 6\ 6\ 0} \\
\underline{4\ 3} \\
2\ 3\ 0 \\
\underline{2\ 1\ 5} \\
\boxed{1\ 5}
\end{array}
$$

$660 \div 43 = 15 \cdots 15$

확인 $43 \times 15 = 645,$

$645 + 15 = 660$

정답은 44쪽

[01~12] 계산을 하시오.

01 $24\overline{)490}$

05 $28\overline{)983}$

09 $23\overline{)589}$

02 $54\overline{)941}$

06 $45\overline{)864}$

10 $27\overline{)839}$

03 $37\overline{)523}$

07 $52\overline{)651}$

11 $48\overline{)583}$

04 $19\overline{)687}$

08 $17\overline{)998}$

12 $16\overline{)910}$

28 수학 4-1

개념 해결의 법칙

연산의 법칙

수학

4·1

자르는 선